从零开始学钩织
新手妈妈也可轻松完成

可爱的
四季宝贝服饰钩织

Baby Crochet For All Season

日本宝库社　编著

陈亚敏　译

U0235715

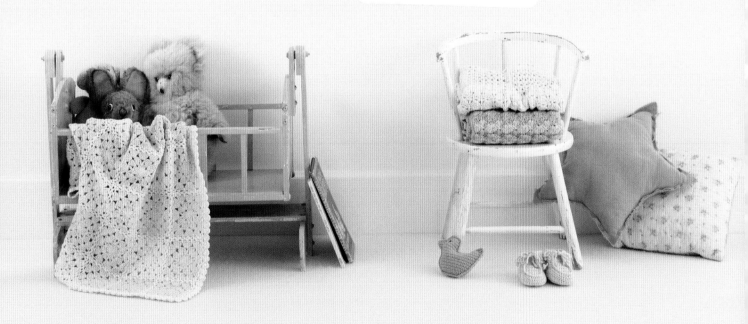

河南科学技术出版社
·郑州·

目录

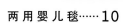

CROCHET TOYS

给宝宝的第一个玩具

备受欢迎的婴儿服和小配饰

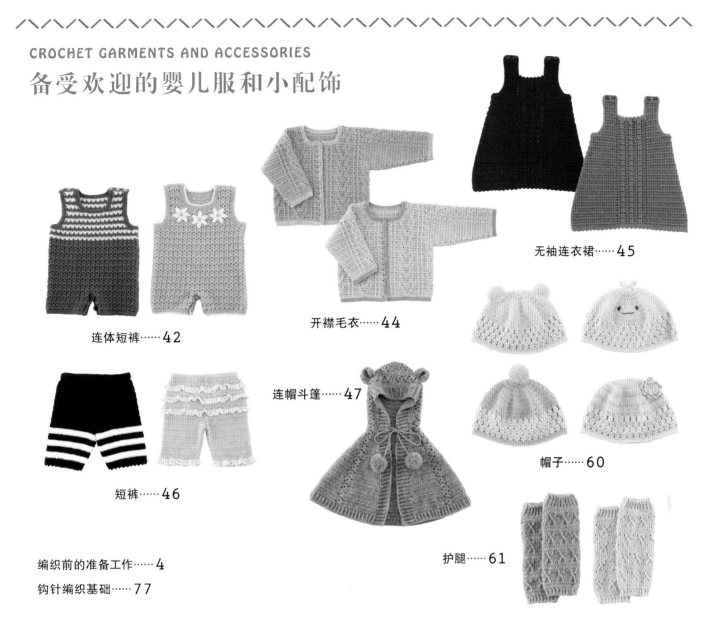

宝宝衣物尺寸表

月龄	身高	头围	脚长
0~6个月	50~65cm	34~43cm	5~9cm
6~12个月	65~75cm	43~46cm	9~12cm
12~18个月	75~80cm	46~48cm	12~13cm
18~24个月	80~90cm	48~50cm	13~14cm

编织前的准备工作

所需材料

●钩针

钩针的头部呈弯钩状,通过挂线、拉出等动作编织出针目。钩针型号根据针轴的粗细来区分,结合线的粗细可分别使用2/0号~10/0号针。一般数字越大,针越粗。本书中的作品使用的是3/0号~5/0号的钩针。

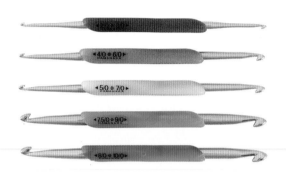

和麻纳卡 AMIAMI双头钩针
两头带有不同粗细的弯钩,中间有握柄,方便使用。

※除此之外,还需准备测量密度以及确认织片尺寸的尺子,完工后定型所用的蒸汽熨斗及熨斗台

●毛线缝针

比布用缝针的针头稍粗、稍圆。用于处理线头、接合织片,非常方便。

和麻纳卡 AMIAMI毛线缝针
(H250-706)

●记号圈

直接挂在针目上做记号用。尤其是在加、减针目,需要分隔针目、行数时,非常有用。

和麻纳卡 AMIAMI记号圈
(H250-708)

●珠针

编织用的珠针比较长,针头呈圆形。缝袖子或者暂时固定织片时,使用起来非常方便。

和麻纳卡 AMIAMI珠针
(H250-705)

●剪刀

处理线头、制作毛绒球时都离不开剪刀。一般手工用剪刀即可。

和麻纳卡 KULAFUTO剪刀
(H420-001)

●用线

本书作品用线均是易于编织的直毛线(粗细和捻线是一定的)。虽然材质各有不同,但都是柔软的有机棉或者羊毛线,也有可以机洗的化纤混纺毛线。根据编织作品、季节可选择不同的毛线。夏季、冬季毛线的选择方法可参考第7页。

和麻纳卡 Paume系列
100%纯棉(有机棉),婴儿衣物也可放心使用的一款毛线。

和麻纳卡 Wanpaku Denis
腈纶和羊毛混纺的一款毛线。最大的优点就是机洗之后既不缩水,也不变形。

线头的拉出方法

1 从线团上方的中心拉出线。

2 从线团的里面找出线头。

※如果用线团外侧的线头编织,线团容易滚动,不利于编织

〈甜甜圈式的线团〉

在标签穿过线团中心时,可在揭掉标签后,按照上述的步骤1、2找出线头。注意标签不要扔了,备用。

商品标签的看法

线的标签上是和线有关的各种信息。不要马上扔掉,一定要保留到编织结束。

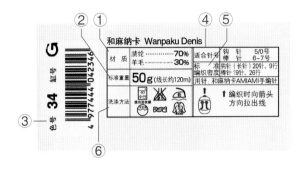
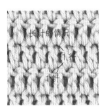
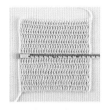

① 线的材质

② 1团线的重量和长度 … 重量相同的线,长度越长,线会越细。

③ 色号和批次 … 即使色号相同,批次不同,染色状态会有轻微的差别,在色彩上也会有轻微的差异。

④ 适合针号 … 由于存在一定的误差,未必一定选用该粗细度的钩针。

⑤ 标准编织密度 … 10cm×10cm面积内,标准的针数和行数。

⑥ 洗涤方法 … 和衣服水洗标上的标注相同。

关于密度

密度表示编织针目的多少。即使使用同样的线,编织者的手劲儿不同,密度也是不一样的。如果想按照书上的大小编织,一定要测量密度,调节钩针的粗细,然后尽量和书上的密度吻合。

POINT

如果是钩织花片,按照一个花片的大小作为标准测量。

针数、行数的数法

编织针目的基本单位是"针",横向排列的针目称为"行"。

密度的测量方法

参照标准密度,编织一个15cm×15cm的织片,用尺子测量一下横向10cm里有几针,纵向10cm里有几行。

● 比标准密度的针数、行数多时
　针目偏紧、成品偏小
　⇨ 换成粗一点的钩针,稍微钩织得松一点。

● 比标准密度的针数、行数少时
　针目偏松、成品偏大
　⇨ 换成细一点的钩针,稍微钩织得紧一点。

清洗方法

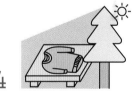

1 浸洗(约5分钟)

在30℃以下的温水中加入中性洗涤液溶解后,把织物叠好浸入水中,轻轻地按洗。污渍可用刷子轻轻刷洗,或者揉搓一下即可。

2 清洗(2次,每次1分钟)

换成新的温水,用相同的按洗方法清洗2次。使用柔顺剂时,需静置3分钟左右。

3 脱水

用较大的浴巾包住织物吸掉水分后,直接连浴巾一起放入洗衣机,脱水30秒即可。

4 晾干

将织物摊平并整理好形状后,放在室内或者阴凉处晾干。晾干之后用蒸汽熨斗熨烫。

〈耐洗线的情况下〉

使用30℃以下的温水和中性洗涤液,把织物翻过来放进专用的洗衣袋里。洗衣机设置成轻柔水洗的模式,洗7~10分钟。脱水、晾干的方法参照上述清洗方法。

〈熨烫〉

织片完成后,在接合之前先熨一下比较好。洗涤之后的熨烫方法也是如此。

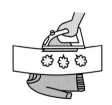

使用蒸汽熨斗时,最好上面放一块干垫布再熨烫。利用蒸汽整理衣服的形状,整理好之后,直接晾干,期间不要动它。

腈纶和羊毛混纺材质的衣物

熨斗设置成低温挡,记得使用垫布。

100%纯棉、100%羊毛的衣物

熨斗设置成中温挡,记得使用垫布。

　　将织片上的针法（第77~80页）组合表示出来的符号图就是编织符号图，一般称为编织图。符号图一般表示的是从正面看到的织物状态。实际编织时，是从右向左编织，往返编织时，交替看着织片的正面和反面编织。比如在第26页的编织起点立织的锁针，位于右侧时是正面编织的行，位于左侧时是反面编织的行。

　　环形钩织花片时，一般都是看着织片的正面编织的。

　　编织针目一般都是往针的上方，往符号图上都是从下往上进行编织。环形编织时，从内向外编织。编织图是按照成品织片的针目位置逐一替换成编织符号而制成的，所以一开始找准编织起点，按照顺序，遵循编织符号，便可一气呵成。

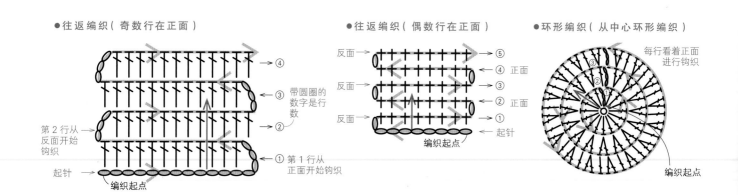

●往返编织（奇数行在正面）

④
③ ← 带圆圈的数字是行数
②
第2行从反面开始钩织 →
① 第1行从正面开始钩织
起针
编织起点

●往返编织（偶数行在正面）

反面 → ⑤
反面 → ④ 正面
反面 → ③ 正面
反面 → ② 正面
← ① 起针
编织起点

●环形编织（从中心环形编织）

每行看着正面进行钩织

编织起点

钩织方法页记录了作品用线、针等材料及工具，以及钩织方法、编织图等，开始钩织前，请先了解相关信息。

线…使用线的名称、色号、用量。

针…使用针的号数。因为没有罗列出起针（第77页）所用的号数，所以需要根据情况准备，另外需要准备缝针、珠针等。

密度…根据作品的尺寸进行钩织。参照第5页。

配置图…表示织片的整体形状以及每个部分的尺寸、针数、钩织方法等。

从编织起点开始，按箭头方向继续钩织。

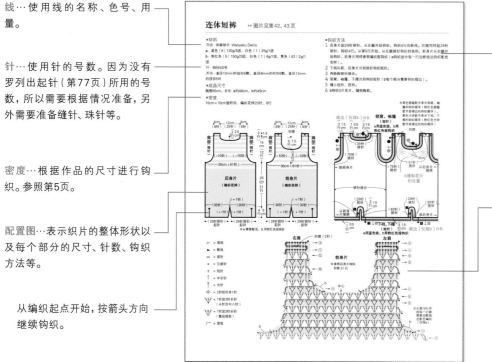

连体短裤　▶▶图片见第42、43页

钩织方法…用文字说明钩织过程。一边看着编织图，一边确认针法钩织。

编织图…用相应的符号表示钩织过程。首先，找到编织起点，然后按顺序不断钩织。

※钩织时，建议把配置图、编织图放大，便于看清楚。同时根据钩织方向可以来回调整编织图、配置图的方向，做上标记等，比较方便（复印仅限私用）

实物粗细

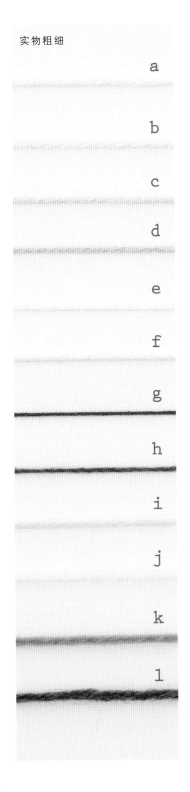

a

b

c

d

e

f

g

h

i

j

k

l

a Paume（Pure Cotton）Knit

100%纯棉（有机棉）　25g/团　约70m　适合针号：5/0号钩针　标准密度（长针）20针、9行　色数1

［洗涤注意事项］

b Paume（Pure Cotton）Baby

100%纯棉（有机棉）　25g/团　约70m　适合针号：5/0号钩针　标准密度（长针）20针、9行　色数1

［洗涤注意事项］

c Paume Baby Color

100%纯棉（有机棉）　25g/团　约70m　适合针号：5/0号钩针　标准密度（长针）20针、9行　色数10

［洗涤注意事项］

d Paume（矿物染）

100%纯棉（有机棉）　25g/团　约70m　适合针号：5/0号钩针　标准密度（长针）19～20针、9行　色数5

［洗涤注意事项］

e Paume（Pure Cotton）Crochet

100%纯棉（有机棉）　25g/团　约107m　适合针号：3/0号钩针　标准密度（长针）25针、10行　色数1

［洗涤注意事项］

f Wash Cotton

64%棉、36%涤纶　40g/团　约102m　适合针号：4/0号钩针　标准密度（长针）22针、10.5行　色数28

［洗涤注意事项］

g Wash Cotton（Crochet）

64%棉、36%涤纶　25g/团　约104m　适合针号：3/0号钩针　标准密度（长针）28针、12行　色数26

［洗涤注意事项］

h Flax K

78%亚麻、22%棉　25g/团　约62m　适合针号：5/0号钩针　标准密度（长针）22针、9行　色数16

［洗涤注意事项］

i Cupid

100%羊毛（定型加工）　40g/团　约160m　适合针号：3/0号钩针　标准密度（长针）25针、10行　色数9

［洗涤注意事项］

j Lovely Baby

60%腈纶、40%羊毛（美利奴羊毛）　40g/团　约105m　适合针号：5/0号钩针　标准密度（长针）19针、8.5行　色数19

［洗涤注意事项］

k Wanpaku Denis

70%腈纶、30%羊毛（防缩加工羊毛）　50g/团　约120m　适合针号：5/0号钩针　标准密度（长针）20针、9行　色数31

［洗涤注意事项］

l Fairlady 50

70%羊毛（防缩加工羊毛）、30%腈纶　40g/团　约100m　适合针号：5/0号钩针　标准密度（长针）20针、9行　色数45

［洗涤注意事项］

THE FIRST GIFT

给宝宝的见面礼

庆典礼服裙和系带花边帽是能长期使用的一款
有纪念意义的礼物，宝宝见面礼的首选。
宝宝出生时，亲自送出这份礼物再合适不过了。

0～6个月

庆典礼服裙和系带花边帽

在特别的日子里，给可爱的宝宝穿上这款盛装。
纯手工钩织，是值得拥有的一件针织衣物。

钩织方法见第65~68页

●设计
川路祐三子
●制作
植田寿寿
●用线
和麻纳卡 Paume
（Pure Cotton）Baby

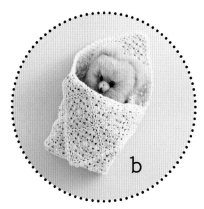

宝宝盖毯

用色彩柔和的花片组合而成的宝宝盖毯 a 和用原白色花片组合而成的宝宝盖毯 b。可根据自己的喜好灵活搭配色彩。

钩织方法见第 18~21 页

●设计
川路祐三子
●用线
和麻纳卡 Paume（Pure Cotton）Baby
和麻纳卡 Paume Baby Color

b

a

两用婴儿毯

长方形的织片，穿上绳子系紧就成了斗篷。
解开绳子，可在婴儿车上作毛毯使用。

钩织方法见第 72 页

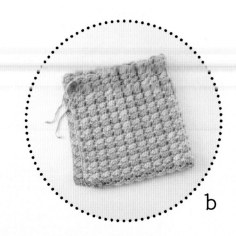

b

a

●设计
田内幸子（catica）
●用线
和麻纳卡 Wanpaku Denis

10

a

b

12 ~ 24个月

护耳帽、手套、袜子

这是一至两岁的宝宝外出必备的三件套。

a 款颜色稍微有点成熟，b 款的颜色特别适合小宝宝，非常可爱。

钩织方法见第 68~71 页

●设计
田内幸子（catica）
●用线
和麻纳卡 Fairlady 50

a

b

c

6 ~ 12个月

婴儿鞋

小巧精致的婴儿鞋非常可爱，
可与第22页的马甲搭配作为礼物送出。

钩织方法见第14~17页

●设计
冈本真希子
●用线
和麻纳卡 Cupid

a

b

●设计
Naomi Kanno
●用线
和麻纳卡 Paume（矿物染）

6 ~ 12个月

宝宝鞋

可以在宝宝刚开始学走路时穿，让宝宝感受一下穿鞋的感觉。
但是鞋底有点滑，要多加小心。

钩织方法见第76页

婴儿鞋 ▸▸ 图片见第12页

●材料
用线　和麻纳卡 Cupid
a：淡蓝色（5）20g/团
b：粉红色（2）20g/团
c：原白色（6）15g/团、淡蓝色（5）5g/团
针…钩针4/0号、5/0号
其他…a：直径12mm的纽扣2颗　c：直径10mm的纽扣2颗

●成品尺寸
长10.5cm，鞋帮高 a：4.5cm b：4cm c：3.5cm

●钩织方法

1 鞋底起15针锁针，然后开始钩织，钩织2圈长针。接着钩织鞋帮，从鞋底挑针，参照编织图钩织5圈编织花样。边缘编织参照编织图，a钩织3行、b钩织2圈、c钩织1圈。

2 b的绳子钩织罗纹绳，并参照下图制作毛绒球。

3 c的鞋襻参照编织图钩织。

4 分别参照各自的组合方法，缝合完成。

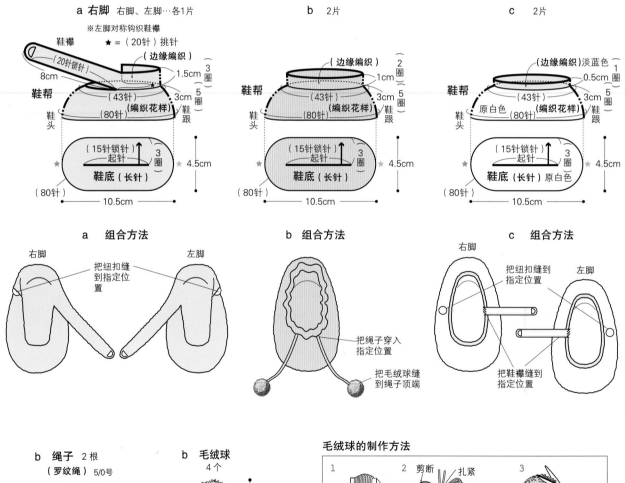

※鞋底和绳子的起针使用5/0号钩针，其他均使用4/0号钩针

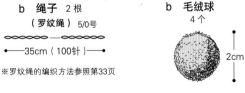

b 绳子 2根
（罗纹绳）5/0号
—35cm（100针）—
※罗纹绳的编织方法参照第33页

b 毛绒球
4个
2cm
※毛绒球的制作方法参照右图

毛绒球的制作方法

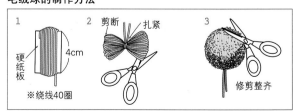

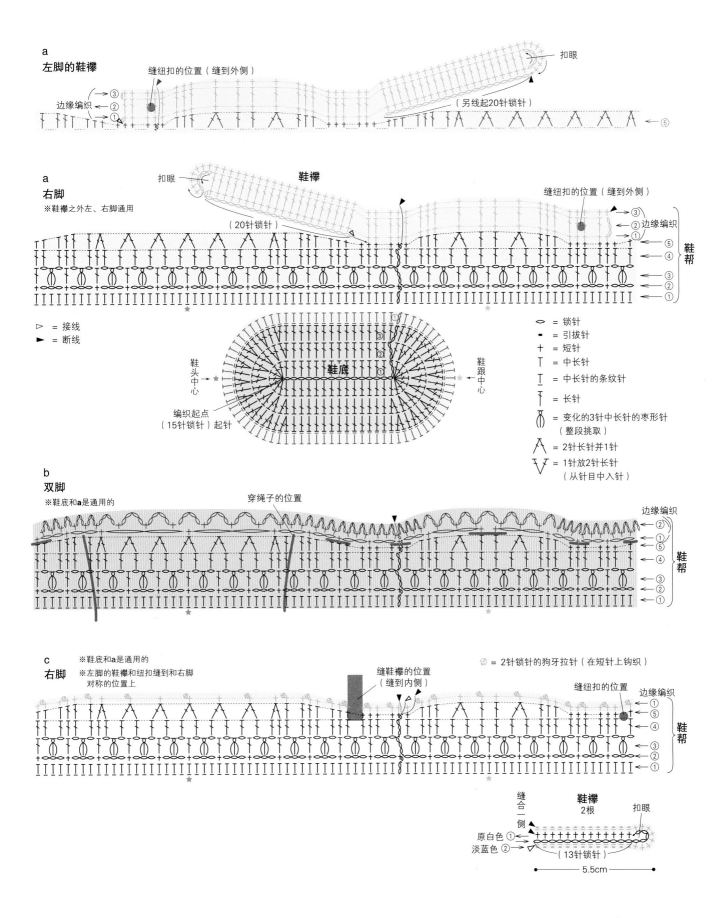

a
左脚的鞋襻

缝纽扣的位置（缝到外侧）

扣眼

边缘编织 ③ ② ①

（另线起20针锁针）

⑤

a
右脚

※鞋襻之外左、右脚通用

扣眼

鞋襻

缝纽扣的位置（缝到外侧）

③ ② ① 边缘编织

（20针锁针）

⑤ ④ 鞋帮
③ ② ①

▷ = 接线
► = 断线

鞋头中心

鞋底

鞋跟中心

编织起点
（15针锁针）起针

○ = 锁针
• = 引拔针
+ = 短针
T = 中长针
T = 中长针的条纹针
下 = 长针
= 变化的3针中长针的枣形针
（整段挑取）
人 = 2针长针并1针
V = 1针放2针长针
（从针目中入针）

b
双脚

※鞋底和a是通用的

穿绳子的位置

边缘编织 ② ①

① ⑤ 鞋帮
④
③ ② ①

c
右脚

※鞋底和a是通用的
※左脚的鞋襻和纽扣缝到和右脚
　对称的位置上

= 2针锁针的狗牙拉针（在短针上钩织）

缝鞋襻的位置
（缝到内侧）

缝纽扣的位置

边缘编织
① ⑤ ④

③ ② ①

鞋帮

鞋襻
2根

缝合一侧

扣眼

原白色 ①
淡蓝色 ②

（13针锁针）

5.5cm

婴儿鞋的钩织要点 ※以作品a为例解说

鞋底

▶起针

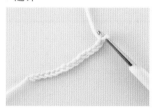

1 用5/0号钩针钩15针锁针起针（参照第77页）。

▶第1圈

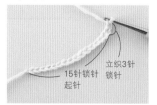

2 换成4/0号钩针，立织3针锁针（参照第26页）。

3 钩针挂线，从起针一端的第2针（即钩针上的第5针）的半针和里山挑针（参照第77页），钩织长针（参照第78页）。

4 钩织1针长针。下一个针目也从起针的半针和里山挑针，钩织到边端的倒数第2针。

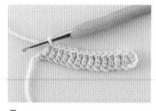

5 钩织到边端的倒数第2针（包含立织的锁针的第14针）的状态。边端的针目钩织9针长针。

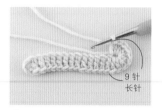

6 边端的针目钩织9针长针，织片翻转过来，起针的另一侧朝上。

7 接下来，挑取起针的锁针的剩余半针钩织1针长针。此时，需要把起针的线头一并钩织进去。

8 另一侧挑取边端起针的锁针的半针和里山，钩织8针长针。

鞋帮

9 钩织完8针长针之后，把钩针插入第3针立织的锁针的半针和里山中，挂线后引拔出。

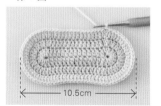

10 第1圈钩织完成。第2圈也参照编织图进行钩织。

▶第3圈

11 第3圈钩织完成。该织片就是主体的鞋底。此时椭圆形的长度就是鞋底长。

10.5cm

▶第1圈 ⊤ 中长针的条纹针

12 立织2针锁针，挑取前一圈的头部后面的半针钩织中长针（参照第78页）。

13 1针中长针的条纹针钩织完成。

14 如图所示钩织的中长针的条纹针的状态。剩下的前面的半针形成条纹花样作为正面。

▶第5圈

15 继续按照编织图钩织。第5圈钩织短针、中长针、长针，针目高度会有所变化，钩织成倾斜状。

$\bigwedge$ 2针长针并1针

16 第5圈的第13针。钩织未完成的长针（参照第78页）。下一个针目也钩织未完成的长针。

17 钩织2针未完成的长针之后，钩针挂线，拉出。

18 2针长针并1针完成，继续钩织。

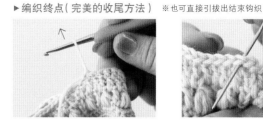

19 第5圈钩织最后的短针之后，将挂在钩针上的线圈拉伸10cm之后剪断，把线拉出。

20 线头穿上缝针，从第2针短针的头部拉出2根线。

21 把缝针返回到最后的短针的头部，然后穿过第1针的针目的头部后从反面拉出。

22 拉至差不多1针锁针的长度后把线拉出，就自然地连接起来了。这种情况下钩织的锁针和第1针短针的头部就重合了。

23 把线头藏在反面，多余的线剪掉并处理好。

24 主体钩织完成。按照同样的方法再钩织另一只鞋子。

a 的鞋襻（左脚）

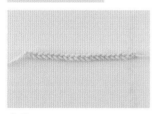

25 用5/0号钩针钩织20针锁针。

26 换成4/0号钩针，看着主体的反面把线加到指定的位置，钩织20针短针。

27 钩织完20针短针后，挑取步骤25中钩织的锁针的里山，再钩织20针短针。

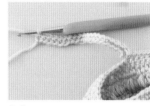

28 挑取锁针的里山，钩织完20针短针的状态。

29 继续钩织5针锁针，然后旋转织片，换手。

30 挑取边缘短针头部，钩织长针。钩织长针到另一端后返回。下一行钩织短针。

31 鞋襻的第3行钩织40针短针之后，整段挑取（参照第27页）5针锁针，钩织7针短针。

32 编织终点参照步骤19~23，处理线头，完成。

宝宝盖毯 ▶▶图片见第9页

●材料
用线 a：和麻纳卡 Paume（Pure Cotton）Baby,
原白色（11）85g/4团
Paume Baby Color
粉红色（91）、薄荷蓝色（97）各60g/3团,
浅黄绿色（94）50g/2团，浅黄色（93）45g/2团
b：和麻纳卡 Paume（Pure Cotton）Baby
原白色（11）300g/12团
针…钩针5/0号

●成品尺寸
宽73cm，长73cm

●密度
花片大小：边长10cm

●钩织方法
1 钩织花片时，环形起针开始钩织，参照编织图钩织4圈。从第2片花片开始，边钩织最后一圈边连接，共钩织49片。
2 从花片上挑针，钩织2圈边缘编织。

花片

10cm

a的花片配色

		第1～3圈	第4圈
A	14片	粉红色	原白色
B	14片	薄荷蓝色	原白色
C	11片	浅黄绿色	原白色
D	10片	浅黄色	原白色

※b均用原白色线钩织

（边缘编织）原白色

B 43	A 44	B 45	A 46	B 47	A 48	B 49
C 36	D 37	C 38	D 39	C 40	D 41	C 42
A 29	B 30	A 31	B 32	A 33	B 34	A 35
D 22	C 23	D 24	C 25	D 26	C 27	D 28
B 15	A 16	B 17	A 18	B 19	A 20	B 21
C 8	D 9	C 10	D 11	C 12	D 13	C 14
A 1	B 2	A 3	B 4	A 5	B 6	A 7

（连接花片）

1.5cm　2圈

70cm（7片）

1.5cm　2圈

10cm / 10cm

70cm（7片）

1.5cm　2圈

1.5cm　2圈

※数字表示花片的钩织顺序

▷ = 接线
► = 断线
⌒ = 锁针
• = 引拔针
十 = 短针
Ｔ = 长针
= 1针放5针长针
（整段挑取）

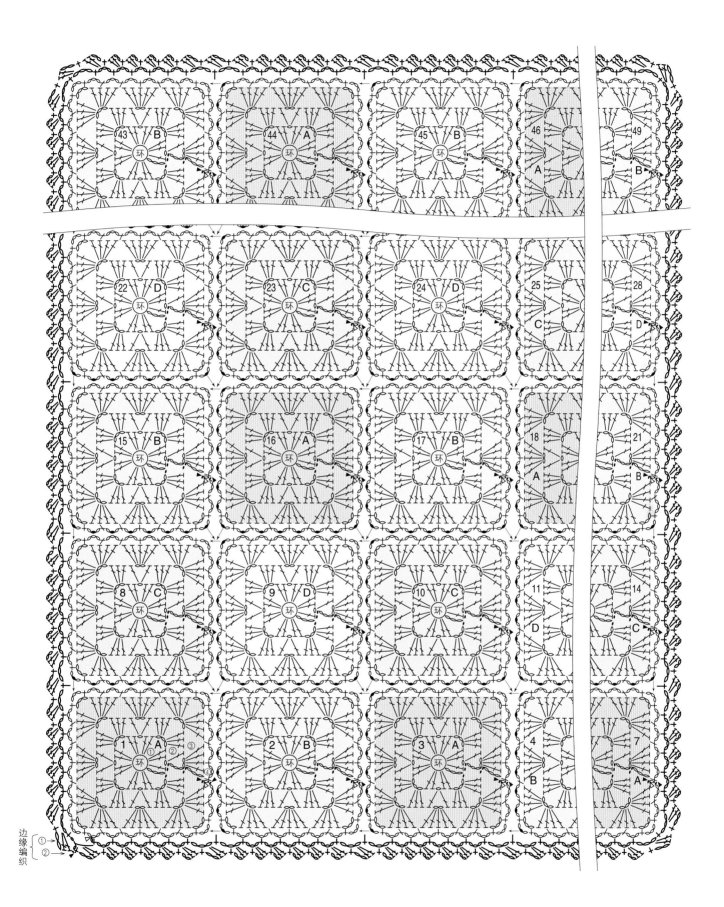

宝宝盖毯的钩织要点 ※以作品a为例解说

花片的钩织方法

▶环形起针

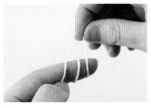

1 在左手食指上绕2圈线（参照第77页）。

2 捏住绕好的环的交叉处，注意不要让线散开。抽出食指。

3 左手食指上挂上线团一侧的线，并用左手捏着环，把钩针放入环中，挂线，从环中拉出。

4 继续钩针挂线，引拔出。

▶第1圈

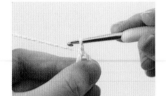

5 环上的针目钩织完成（此针不计入针数）。

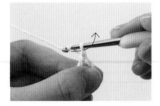

6 钩针挂线，引拔出，立织3针锁针。

7 钩织完立织的3针锁针，钩针挂线，放入环中，钩织长针（参照第78页）。

8 环中1针长针钩织完成。接下来按照编织图钩织第1圈。

▶中心拉紧

9 最后钩织3针锁针。

10 把钩针上的针目撑大，抽出钩针。拉紧线头，2根线之中离线头近的1根线（●）就会动。

11 拉刚才会移动的1根线（●），缩小离线头远的那个环（★），刚才拉出的环（●）先放着。

12 拉紧线头，离线头近的环（●）就会拉紧了。

13 环拉紧了。缩小刚才撑大的针目，重新插入钩针。

14 从立织的第3针锁针的半针和里山入针，钩针挂线并引拔出。

15 引拔出的状态。

16 在长针针目的头部引拔（①），接下来整段挑取（参照第27页）锁针（②）并引拔。

17 引拔出的状态。把针目移动到第1针锁针的地方。第1圈钩织完成。

▶第2圈

18 立织3针锁针+2针锁针，共5针，包裹着前一圈锁针的下方，整段挑取，钩织1针长针。

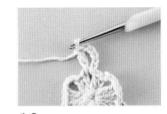

19 长针钩织完成。接下来，一边整段挑取前一圈的锁针一边钩织第2圈。

20 第2圈钩织结束时，在立织的第3针锁针处引拔出，再整段挑取相邻的锁针引拔出。

21 第2圈钩织完成。

▶第3圈

22 继续钩织，第3圈钩织结束后，留出10cm线头后剪断。可提前把所需花片使用指定颜色的毛线钩织到第3圈。

▶第4圈

23 在钩织第4圈时，把原白色的线加到指定的位置上（参照第31页的步骤66），钩织短针和锁针。

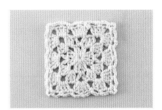

24 第4圈钩织结束后，留出10cm线头后剪断，处理线头。

连接花片的方法

25 第2片花片的第4圈钩织到与第1片花片的连接处。

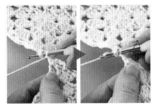

26 把钩针从正面插入第1片花片锁针的线圈里，挂线后引拔出。接着钩织1针锁针、1针短针。

27 通过引拔钩织把花片连接起来。

28 按照同样的方法在8处连接后的状态。然后把第2片花片的第4圈钩织到最后。按照同样的方法横着连接7片花片。

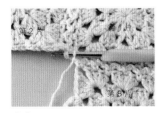

29 把第8片花片连接到第1片花片上。转角部分挑取第1片花片与第2片花片连接处的引拔针的根部2根线后，挂线后引拔出。

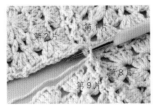

30 第9片花片，按照与步骤29同样的方法，在转角处挑取第1片花片与第2片花片连接处的引拔针的根部2根线后，挂线后引拔出。

31 当4片花片连接在一起时，转角处如上图所示。

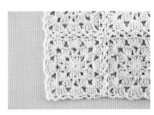

32 按照顺序，把49片花片连接到一起。

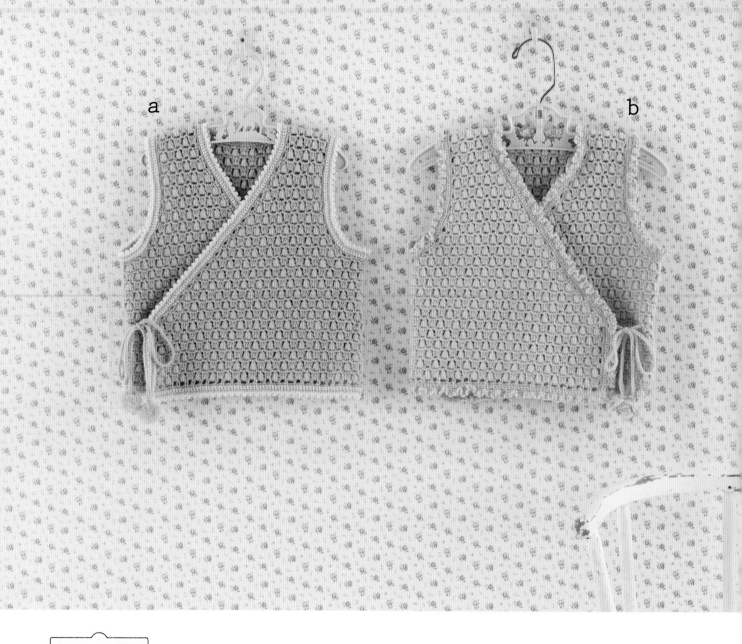

马甲

羊毛吸汗性能好，一年四季都可使用。羊毛马甲从婴幼儿时期就可穿。
男孩款 a 与女孩款 b，基本钩织方法是一样的。

钩织方法见第 24~33 页

●设计
冈本真希子
●用线
和麻纳卡 Cupid

编织起点到袖窿可连续钩织，接着再钩织前、后身片，胁部无接缝，宝宝穿起来也会非常舒服。

马甲 ▸▸图片见第22页

●材料
用线…和麻纳卡 Cupid
a…淡蓝色（5）110g/3团、原白色（6）15g/1团
b…粉红色（2）130g/4团
针…钩针4/0、5/0号

●成品尺寸
胸围64cm、衣长32cm、肩宽25cm

●密度
10cm×10cm面积内：编织花样30针、15行

●钩织方法

1 钩织前、后身片时，起250针锁针，按编织花样，无须加、减针钩织12行。在前、后身片的两端钩织前领窝，一边减针一边钩织13行。从袖窿开始前、后身片分开钩织，一边减针，一边钩织21行。

2 肩部背面相对对齐，做卷针缝缝合。

3 下摆钩织3行边缘编织，接下来，前端和领窝也钩织3行边缘编织。边缘编织第4行接线按照前端、领窝、下摆的顺序钩织一圈。

4 袖窿编织4行边缘编织。

5 绳子编织罗纹绳。

6 a参照编织图制作2个毛绒球。b参照编织图钩织2片花片。

7 参照组合方法，身片缝上绳子。a的绳子端头缝上毛绒球，b把2片花片缝到2根绳子的端头。

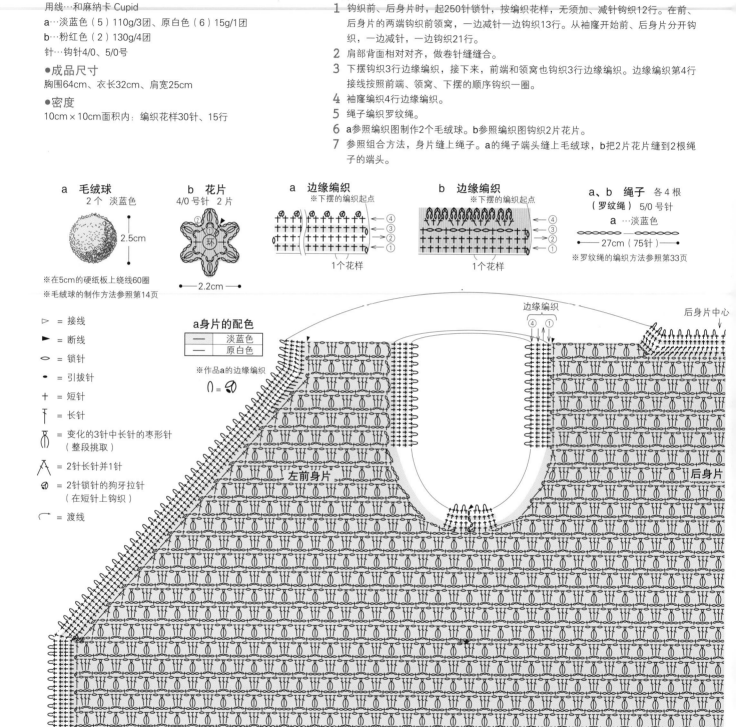

a　毛绒球
2 个 淡蓝色
2.5cm
※在5cm的硬纸板上绕线60圈
※毛绒球的制作方法参照第14页

b　花片
4/0 号针　2 片
环
2.2cm

a　边缘编织
※下摆的编织起点
④③②①
1个花样

b　边缘编织
※下摆的编织起点
④③②①
1个花样

a、b　绳子　各4根
（罗纹绳）5/0号针
a…淡蓝色
27cm（75针）
※罗纹绳的编织方法参照第33页

▷ = 接线
▶ = 断线
⌒ = 锁针
● = 引拔针
＋ = 短针
Ｔ = 长针
= 变化的3针中长针的枣形针（整段挑取）
= 2针长针并1针
= 2针锁针的狗牙拉针（在短针上钩织）
= 渡线

a身片的配色

	淡蓝色
	原白色

※作品a的边缘编织

边缘编织
④①
后身片中心

左前身片

后身片

边缘编织
①③

左胁

24

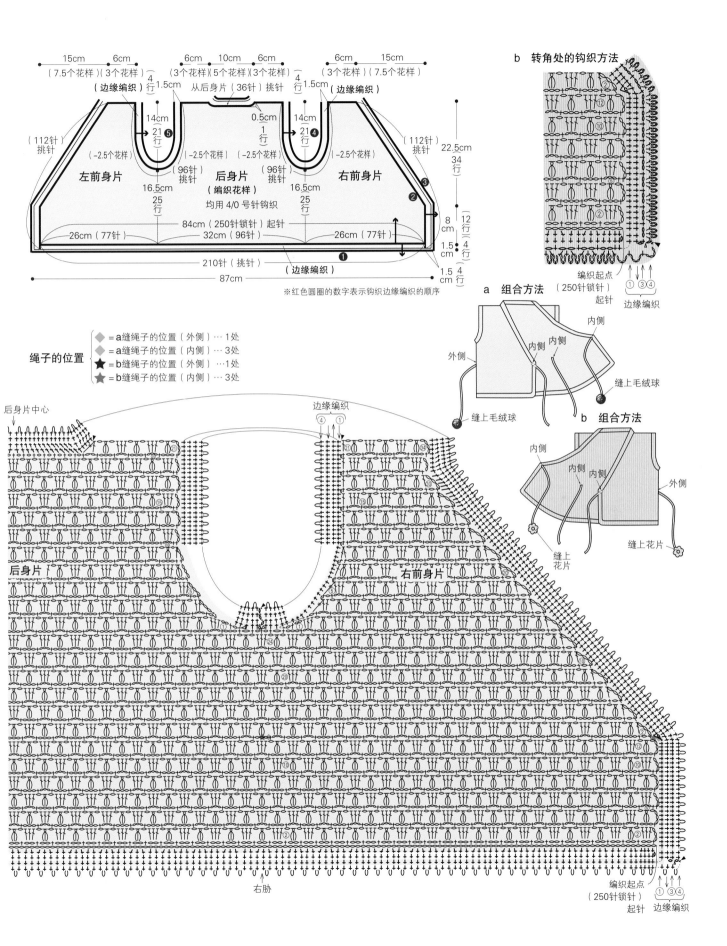

15cm　6cm　6cm　10cm　6cm　6cm　15cm
（7.5个花样）（3个花样）　（3个花样）（5个花样）（3个花样）　（3个花样）（7.5个花样）

（边缘编织）　　4　　从后身片（36针）挑针　　4　（边缘编织）
　　　　　　　　1.5cm　　　　　　　　　　　　　1.5cm

（112针　　14cm　　　　　0.5cm　　　14cm　　　112针
挑针）　　　21　　　　　　1　　　　　　21　　　挑针）
　　　　　　行　⑤　　　　行　　　　　行　④
　　　　　　　　　（96针　　　　　（96针　　　　　　　22.5cm
左前身片　（-2.5个花样）挑针）后身片（-2.5个花样）挑针）（-2.5个花样）右前身片　　34
　　　　　　　　　　　（编织花样）　　　　　　　　③　行
　　　16.5cm　　　均用 4/0 号针钩织　　16.5cm　　②
　　　25　　　　　　　　　　　　　　　25
　　　行　　　　　84cm（250针锁针）起针　　行　　8
　　　　　　　　　　　　　　　　　　　　　　　　cm
26cm（77针）　　32cm（96针）　　26cm（77针）　　　　　（12
　　　　　　　　　　　　　　　　　　　　　　　1.5　行
210针（挑针）　　　　　　　　　　　　　　cm　4
（边缘编织）　　　　　　　　　　　　1.5　行
　　　　　　　87cm　　　　　　　　cm

※红色圆圈的数字表示钩织边缘编织的顺序

b 转角处的钩织方法

编织起点
（250针锁针）
起针
①③④
边缘编织

a 组合方法

外侧　内侧　内侧　内侧
缝上毛绒球
缝上毛绒球

b 组合方法

内侧　内侧　内侧
外侧
缝上花片
缝上花片

绳子的位置
◇ = a缝绳子的位置（外侧）…1处
◇ = a缝绳子的位置（内侧）…3处
★ = b缝绳子的位置（外侧）…1处
★ = b缝绳子的位置（内侧）…3处

后身片中心　　　　　　　边缘编织
　　　　　　　　　　　　④①

后身片　　　　　　　　右前身片

右胁

编织起点
（250针锁针）
起针　边缘编织
①③④

2 5

马甲的钩织要点 ※ 以作品b为例解说

钩织前、后身片

▶起针

1 用5/0号钩针起针。参照第77页，左手拿线，右手拿针。转动钩针缠上线，做个线环。

2 线环完成。用拇指和中指捏住环的交叉点，按照箭头所示方向转动钩针，钩针挂线。

3 如图所示将线拉出。

4 拉出线，拉紧环。准备针目完成（此针不计入针数）。

⬭ 锁针

5 再次钩针挂线，拉出。

6 1针锁针完成。

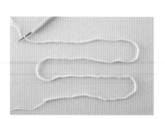

7 重复步骤5、6，钩织250针锁针起针。稍微多钩织几针比较好，多余的针目以后可以拆开（参照第28页）。

> **POINT**
>
>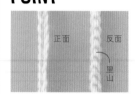
>
> 锁针的正面与反面
>
> 锁针的正面有2根线，反面的中央有一根凸起的线称为锁针的"里山"。

※第26~30页的行数指的是从下摆开始的行

▶第1行

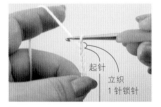

8 接下来，换成4/0号钩针。立织1针锁针。

＋ 短针

9 把钩针插入起针的里山，挂线拉出。

10 再次钩针挂线，一次引拔穿过钩针上的2个线圈。1针短针完成。

11 短针钩织完成之后，再钩织2针锁针。

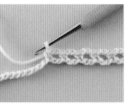

12 间隔2针起针挑针钩织短针。重复此步骤，钩织第1行。

▶第2行

13 第250针钩织完成之后，钩织第2行立织的3针锁针。然后把织片逆时针方向翻面。

> **POINT**
>
> 立针
>
> 锁针和引拔针以外的钩针目的高度会有所不同。在一行的编织起点，突然钩织有高度的针目是不可能的，所以需要先钩织和该针目相同高度的锁针。该锁针称为"立针"。除短针以外，立织的锁针计为1针。
>
>
>
>
>
> 引拔针 ※引拔针没有高度，所以不需要立织
>
> 短针 ※钩织短针时，立织的1锁针不算在针目里面
>
> 中长针
>
> 长针

丅 长针

14 钩针挂线,把钩针插入第1行锁针下面的空隙处(整段挑取)。

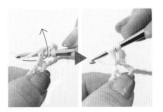

15 钩针挂线,拉出2针锁针的高度。

16 再次钩针挂线,一次引拔穿过钩针上的2个线圈。

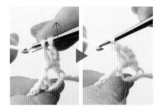

17 再次钩针挂线,一次引拔穿过钩针上剩余的2个线圈。1针长针完成。

POINT

【从针目中入针】和【整段挑取】

钩织符号的下面可能是闭合或者打开的,钩织方法不一样。长针以外的针法也是如此。

当钩织符号下面闭合时,在前一行1针内入针钩织(从针目中入针)。

当钩织符号下面打开时,要把钩针插入前一行锁针下面的空隙处,整段挑取前一行锁针钩织(整段挑取)。

₮₮₮ 1针放3针长针

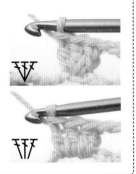

18 在同一个地方钩织3针长针。

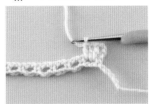

19 然后钩织1针锁针。

⚬ 变化的3针中长针的枣形针

20 钩针挂线,把钩针插入第1行锁针下面的空隙处(整段挑取)。

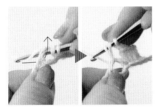

21 钩针挂线,拉出2针锁针的高度。这个状态称为"未完成的中长针"。

22 重复步骤20、21,钩织3针"未完成的中长针"。

23 钩针挂线,一次引拔穿过钩针上的6个线圈(剩余右端的1个线圈)。

24 再次钩针挂线,一次引拔穿过钩针上剩余的2个线圈。

25 变化的3针中长针的枣形针钩织完成。

26 继续钩织1针锁针。

27 重复步骤14~26,钩织第2行。第2行的最后钩织1针长针。上图是第2行钩织完成的状态。

▶第3行

28 立织1针锁针，翻转织片。

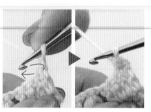

29 挑取前一行长针的头部，钩织1针短针。

30 然后钩织3针锁针。

31 整段挑取前一行的锁针，钩织1针短针。

32 再钩织3针锁针。接着按照编织图钩织。

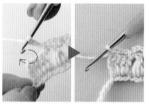

33 挑取前一行立织的第3针锁针的半针和里山，钩织第3行最后的短针。第3行钩织完成。

▶第12行

34 按照编织图，钩织到第12行。

POINT 多余的锁针的拆开方法　※使用缝针拆开

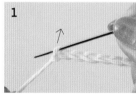

1

看着锁针的正面，松开边端的针目，把连着线头一端的线拉出，拉到线头处。

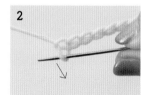

2

继续把连着线头一端的线拉出，拉到线头处。

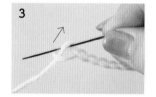

3

再把连着线头一端的线拉出，拉到线头处。

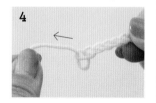

4

一拉线头，就可以轻松拆开锁针针目了（拆到挑针的地方为止）。

▶减针　第13行

35 立织1针锁针，翻转织片，整段挑取前一行的锁针，钩织1针短针。

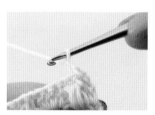

36 然后钩织1针锁针。

37 继续整段挑取前一行的锁针，钩织1针短针。之后按照编织图继续钩织花样。

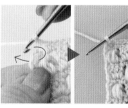

38 第13行最后的短针要整段挑取前一行的锁针钩织。第13行钩织完成。

▶第14行

39 立织3针锁针，翻转织片。挑取前一行的短针针目的头部，钩织1针长针。

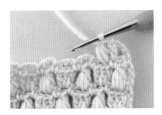

40 接着钩织变化的3针中长针的枣形针。之后按照编织图钩织花样。

长针和长长针的2针并1针

41 钩织到该行最后的长针的第2次的引拔处（未完成的长针）。

42 钩针挂2次线，把钩针插入短针针目的头部。

43 挂线拉出。

44 再次钩针挂线，引拔穿过钩针上的2个线圈。

45 再次钩针挂线，引拔穿过钩针上的2个线圈。

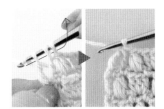

46 再次钩针挂线，引拔穿过钩针上剩余的3个线圈。长针和长长针的2针并1针钩织完成。

POINT 从第26行开始，右前身片、后身片、左前身片需要分开钩织，首先钩织右前身片。

▶第24行

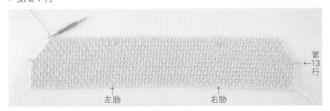

47 两端减针的同时钩织到第24行。第13行两端成为转角的部分和第22行的左右两胁，用记号圈固定住，做个标记。

▶第25行

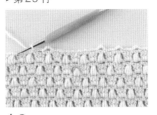

48 注意第25行两胁的花样需要改变。

▶第26行 右前身片

49 钩织到第47针长针的状态。

中长针

50 钩针挂线，把钩针插入前一行的同一针目中。

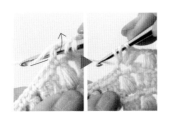

51 钩针挂线并拉出。

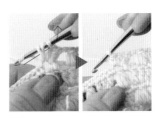

52 钩针再次挂线，一次引拔穿过钩针上的3个线圈，1针中长针钩织完成。

引拔针

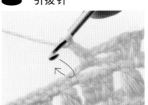

53 然后钩织2针锁针、1针短针、1针锁针，把钩针插入前一行短针针目的头部。

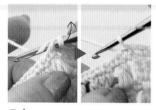

54 钩针挂线，一次引拔出。引拔针钩织完成。

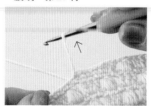

55 把步骤54中钩针上的针目撑大。

56 线团从步骤55中的线环中穿过。

57 拉紧步骤56中穿过的线团一侧的线。

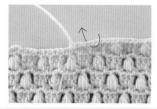

58 拉紧后的状态。接下来把钩针插入前一行长针针目的头部。

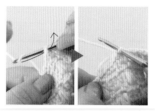

59 挂线并引拔出。渡线完成。要注意渡线不能太紧。

60 钩织1针锁针，翻转织片。整段挑取前一行的锁针，钩织1针短针。

61 继续按照编织图钩织。

▶钩织结束

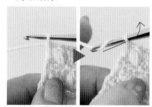

62 右前身片钩织结束。留出30cm长线头后剪断，再次引拔出。

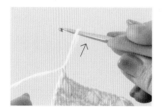

63 拉伸引拔针目，一直到拉出线头。剩余的线头用于肩部的缝合。

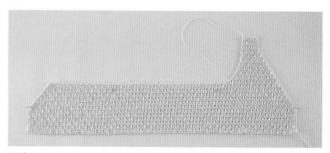

64 右前身片钩织完成的状态。

POINT 换线的方法　钩织过程中线不够用时，在针目最后做引拔前接上新线。

※为了便于理解，图中使用了不同颜色的线

1 把正在钩织的线从前往后挂在针头（在反面接线时，要从后往前挂线）。

2 留出10cm长的线头，把新线挂到钩针上，引拔出。

3 引拔完成的状态。换成新线，完成针目的钩织。

4 然后继续钩织，在编织结束后再处理线头。

▶后身片、左前身片

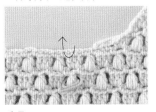

65 接着钩织后身片。把钩针插入指定的位置（短针的头部）。

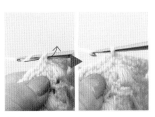

66 把新线挂在钩针上拉出，新线就加上了。

67 钩织完1针锁针和短针的状态。继续按照编织图钩织。

68 后身片钩织结束后，左前身片也需要接线，按照编织图钩织。后身片和左前身片钩织完成的状态。

缝合肩部 （所有针目均做卷针缝） ※为了便于理解，图中使用了不同颜色的线

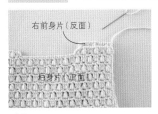

69 织片背面相对对齐，把右前身片上剩余的线头穿到缝针上。

70 把缝针从后往前插入前面织片（后身片）边端的针目（第3针立织的锁针的2根线）里，拉线。

71 把缝针插入后面织片（右前身片）的第2针和前面织片的第2针里，把线拉出。

72 从下一针开始每隔1针，从后往前挑起锁针链的2根线缝合。

73 最后把缝针再次插入边端的针目里，把线从织片的反面拉出。

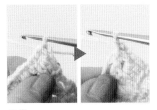

74 右肩缝合完成的状态。左肩也按照相同的方法缝合，在织片反面处理线头。

下摆的边缘编织 ※为了便于理解，图中使用了不同颜色的线

75 从左前身片的编织起点开始钩织。边端针目接线，立织1针锁针，然后边把线头包裹起来边钩织短针。

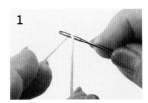

76 从下一针开始整段挑取起针的锁针钩织2针短针、3针短针，交叉钩织，共钩织210针短针。

POINT 缝针的穿线方法

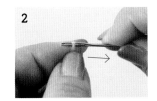

1 把缝针夹在中间，对折线头。

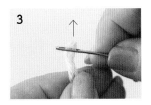

2 捏住折山线，把针滑着拉出。

3 尽可能把针鼻儿贴近扁平的折山线，线穿进针鼻儿后，拉着折山处穿出。

4 缝针穿上线了。

31

77 右端钩织3针短针、3针短针。挑取边端的针目钩织1针短针。

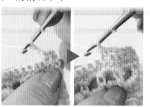

78 在下摆的第3行立织1针锁针，钩织2针短针。之后钩织2针锁针、1针短针。

79 第3行钩织途中的状态。

80 钩织完下摆的3行边缘编织后，直接从右前身片的边端开始做边缘编织。挑取下摆边缘编织第2行的针目，钩织2针短针。

81 挑取起针针目，钩织短针。

82 挑取右前身片的第1行边端的短针，钩织1针短针。

83 之后，整段挑取边端的针目（立织的3针锁针），钩织3针短针，在短针上挑针钩织1针短针。

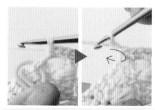

84 在减针开始的转角的边端（第13行边端的短针）处，钩织1针短针、1针锁针、1针短针。

边缘编织第4行 （b的情况下）

85 减针部分，从边端立织的3针锁针开始钩织4针锁针。从短针开始，挑取1针短针，钩织短针。

86 第4行，接新线。从右前身片边端开始钩织到下摆。整段挑取第3行的锁针部分，钩织短针。

87 然后钩织4针锁针。

88 和步骤86一样，在相同锁针处，钩织短针。

袖窿的边缘编织

89 在相同锁针处钩织3针短针后，接下来的短针部分，钩织成锁针。重复钩织下去。

※为了便于理解，图中使用了不同颜色的线

90 袖窿也按照上述钩织要领，参照编织图把线接到指定的位置上，做边缘编织。

POINT 处理线头

1

2

线头穿入缝针，把缝针穿进织片反面的针目3~4cm长再出针。

剪断多余的线头，完成。

b的装饰花片

91 参照第20页环形起针，立织1针锁针之后，钩织1针短针、3针锁针，然后重复钩织，直到第1圈结尾。

92 参照第20页，把中心拉紧，从最初的短针引拔出，第1圈钩织完成。

93 第2圈立织3针锁针，整段挑取第1圈的锁针，钩织变化的3针中长针的枣形针（参照第27页）。

94 钩织完变化的3针中长针的枣形针之后，钩织3针锁针，在短针的针目头部引拔出。

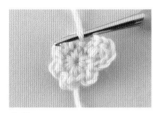

95 1片花瓣钩织完成。按照相同的方法，一共钩织6片花瓣。

96 第6片花瓣钩织到最后的引拔针前的状态。编织终点参照第17页的步骤19~22，和最初的针目钩织到一起，完成，调整好形状。

97 花片钩织完成。钩织2片。

绳子（罗纹绳）

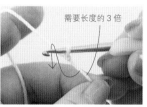

98 使用5/0号钩针钩织绳子。留出需要长度3倍的线头（约81cm），在编织起点锁针起针。把线头从前往后挂到钩针上。

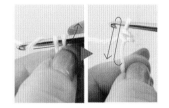

99 挂线并引拔出（锁针的钩织要领）。接下来同样把线头挂到钩针上。

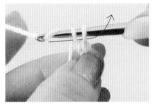

100 挂线并引拔出。重复此步骤。

101 在编织终点挂线，引拔出锁针针目，断线，然后直接把线头拉出。

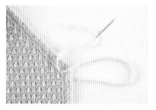

102 钩织4根75针的绳子，其中2根的边端用缝针缝上花片，注意在花片的中心处缝合。然后把绳子用缝针缝到主体指定的位置上。

a

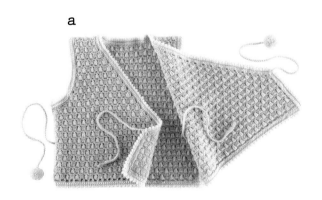

b

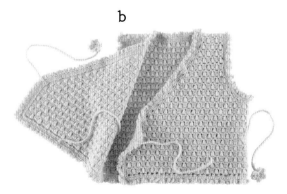

给宝宝的第一个玩具

宝宝的第一个玩具，很想亲手为他编织。
采用可以机洗的毛线编织，
这样，清洗起来很方便，无论何时都可以保持干净。
柔软、漂亮的手工玩具，宝宝一定会非常喜欢的。

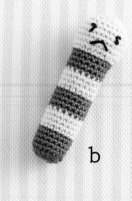

a

b

c

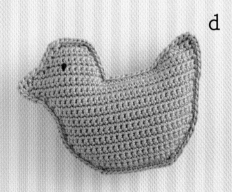

d

0 个月以上

婴儿手抓玩具

小巧精致的手抓玩具，非常适合初次尝试手工制作的人。
里面可装上小喇叭或者塑料铃铛，会更好玩。

钩织方法见第 38、39 页

●设计
青木惠理子
●用线
和麻纳卡 Wash Cotton

0个月以上

风铃

如第34页所示，用大象、小鸡搭配上云
朵、水滴、圆球做成风铃，随风摆动，
非常吸引宝宝的眼球。当然也可用于
房间内的装饰。

钩织方法见第40、41页

●设计
青木惠理子
●用线
和麻纳卡 Wash Cotton

●设计
青木惠理子
●用线
和麻纳卡 Wash Cotton

骰子和足球

当宝宝会坐时，可以玩玩足球和骰子。
柔软的手工玩具非常适合在室内玩耍，而且不会划伤家具。

钩织方法见第 37 页（足球）和第 73 页（骰子）

足球 ▸▸图片见第36页

●材料
用线…和麻纳卡 Wash Cotton
原白色（2）50g/2团、蓝色（12）35g/1团
针…钩针4/0号
其他…填充棉 适量
●成品尺寸
足球直径15cm

●钩织方法
1 六边形花片环形起针，开始钩织。钩织短针时边针边钩织，共钩织7圈。
2 五边形花片环形起针，开始钩织。钩织短针时边针边钩织，共钩织6圈。
3 钩织好的花片参照配置图缝合到一起，中途一边塞入填充棉一边缝合。

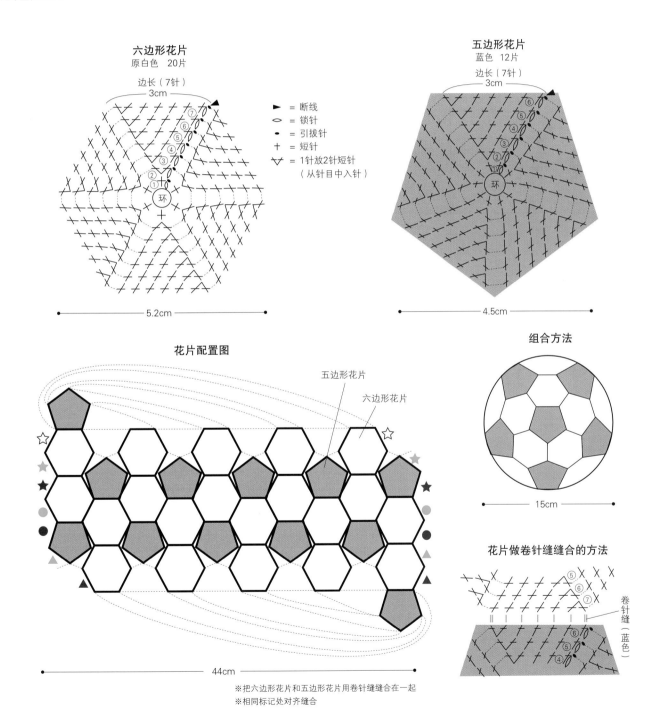

六边形花片
原白色 20片
边长（7针）
3cm
5.2cm

► = 断线
◠ = 锁针
• = 引拔针
+ = 短针
⋎ = 1针放2针短针
（从针目中入针）

五边形花片
蓝色 12片
边长（7针）
3cm
4.5cm

花片配置图
五边形花片
六边形花片
44cm

※把六边形花片和五边形花片用卷针缝缝合在一起
※相同标记处对齐缝合

组合方法
15cm

花片做卷针缝缝合的方法
卷针缝（蓝色）

婴儿手抓玩具 ▸▸ 图片见第34页

●材料
用线……和麻纳卡 Wash Cotton
原白色（2）6g/1团、红色（36）1g/1团、黑色（13）少量/1团
b…和麻纳卡 Wash Cotton
原白色（2）6g/1团、蓝色（12）1g/1团、黑色（13）少量/1团
针…钩针4/0号
其他…填充棉 适量

●成品尺寸
高11cm

●钩织方法
1 主体环形起针，身体编织圆钩织10行短针的条纹针。然后边加、减针边钩织9行短针。在最后一行穿上线，里面塞入填充棉，拉紧。
2 参照组合方法图，分别进行刺绣。

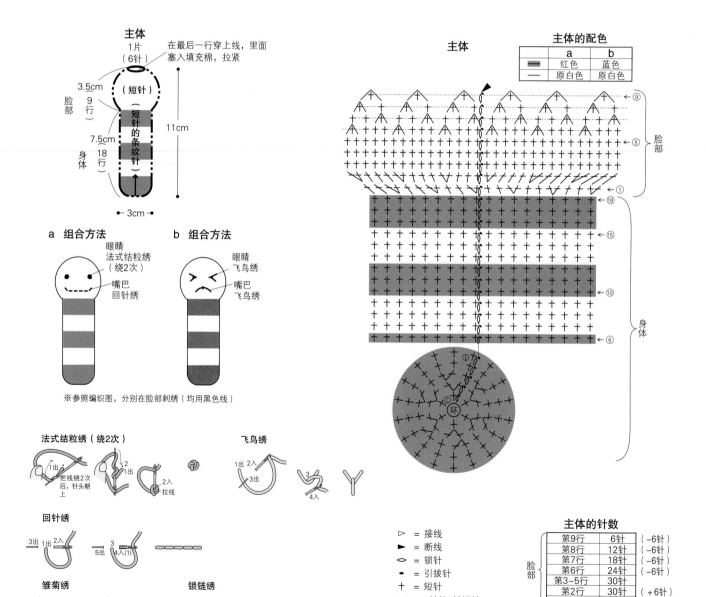

※参照编织图，分别在脸部刺绣（均用黑色线）

主体的配色

	a	b
▓	红色	蓝色
—	原白色	原白色

主体的针数

	第9行	6针	（−6针）
脸部	第8行	12针	（−6针）
	第7行	18针	（−6针）
	第6行	24针	（−6针）
	第3~5行	30针	
	第2行	30针	（＋6针）
	第1行	24针	（＋6针）
身体	第4~18行	18针	
	第3行	18针	（＋6针）
	第2行	12针	（＋6针）
	第1行	6针	

▷ = 接线
► = 断线
○ = 锁针
• = 引拔针
十 = 短针
Ｖ = 1针放2针短针（从针目中入针）
Ａ = 2针短针并1针

婴儿手抓玩具 ▸▸ 图片见第34页

● 材料
用线…c：和麻纳卡 Wash Cotton
灰色（39）20g/1团、原白色（2）少量/1团
d：和麻纳卡 Wash Cotton
芥末色（27）20g/1团、黑色（13）少量/1团
针…钩针4/0号
其他…填充棉 适量

● 成品尺寸
c：长11.5cm、高9cm
d：长12.5cm、高9.5cm

● 钩织方法
1 钩织主体时，参照编织图，钩织2片边缘编织之外的织片。把2片织片重叠之后，钩织1行边缘编织。中途边塞入填充棉边钩织。
2 参照组合方法图，分别进行刺绣。

c 主体

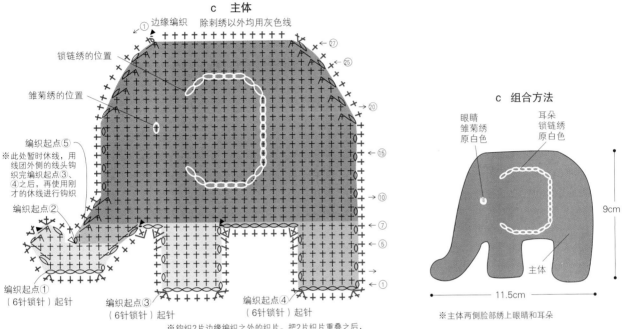

① 边缘编织　除刺绣以外均用灰色线
锁链绣的位置
雏菊绣的位置
编织起点⑤
※此处暂时休线，用线团外侧的线头钩织完编织起点③、④之后，再使用刚才的休线进行钩织
编织起点②
编织起点①（6针锁针）起针
编织起点③（6针锁针）起针
编织起点④（6针锁针）起针

※钩织2片边缘编织之外的织片。把2片织片重叠之后，钩织1行边缘编织。中途边塞入填充棉边钩织

c 组合方法

眼睛　雏菊绣　原白色
耳朵　锁链绣　原白色
主体
9cm
11.5cm

※主体两侧脸部绣上眼睛和耳朵

▷ ＝ 接线
► ＝ 断线
⌒ ＝ 锁针
－ ＝ 引拔针
＋ ＝ 短针
Ⅴ ＝ 1针放2针短针（从针目中入针）
Ⅴ ＝ 1针放3针短针（从针目中入针）
Ⅰ ＝ 2针短针并1针
⌒ ＝ 渡线

d 组合方法

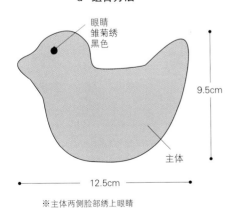

眼睛　雏菊绣　黑色
主体
9.5cm
12.5cm

※主体两侧脸部绣上眼睛

d 主体
除刺绣以外均用芥末色

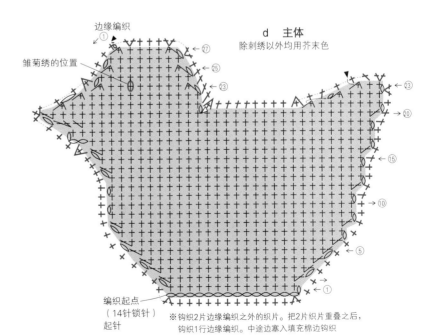

① 边缘编织
雏菊绣的位置
编织起点（14针锁针）起针

※钩织2片边缘编织之外的织片。把2片织片重叠之后，钩织1行边缘编织。中途边塞入填充棉边钩织

风铃 ▸▸ 图片见第35页

● **材料**
用线…和麻纳卡 Wash Cotton 原白色（2）65g/2团，淡蓝色
（26）、灰色（39）、芥末色（27）各20g/各1团，红色（36）、
绿色（30）各5g/各1团，黑色（13）少量/1团
针…钩针4/0号
其他…填充棉适量、遮蔽胶带适量、直径1.5mm的铁丝长126cm、
黏合剂

● **成品尺寸**
参照编织图

● **钩织方法**

1 圆球环形起针，参照编织图钩织15行。在最后一行穿上线，里面塞入填充棉，拉紧。

2 水滴环形起针，参照编织图钩织17行。在最后一行穿上线，里面塞入填充棉，拉紧。

3 云朵钩16针锁针起针，参照编织图钩织2片边缘编织之外的织片。把2片织片重叠之后，钩织1行边缘编织。中途边塞入填充棉边钩织。

4 大象和小鸡参照第39页钩织。

5 底座参照编织图制作，把铁丝卷成圆形，然后用遮蔽胶带和原白色的线缠上包裹着。

6 吊绳❶～❹参照编织图，把各个织片分别组合到吊绳上，参照组合方法，连接到一起。

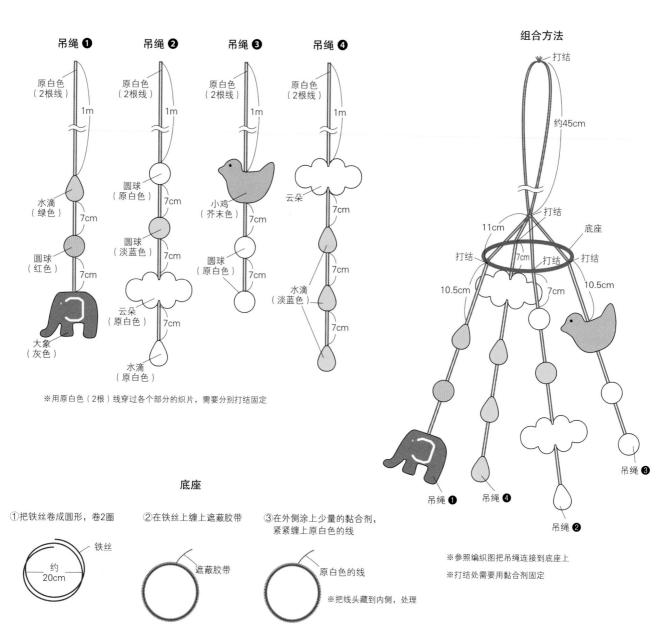

吊绳❶
原白色（2根线）
1m
水滴（绿色）
7cm
圆球（红色）
7cm
大象（灰色）

吊绳❷
原白色（2根线）
1m
圆球（原白色）
7cm
圆球（淡蓝色）
7cm
云朵（原白色）
7cm
水滴（原白色）

吊绳❸
原白色（2根线）
1m
小鸡（芥末色）
7cm
圆球（原白色）
7cm

吊绳❹
原白色（2根线）
1m
云朵
7cm
7cm
水滴（淡蓝色）
7cm

※用原白色（2根）线穿过各个部分的织片，需要分别打结固定

组合方法
打结
约45cm
打结
11cm
底座
打结 7cm 打结 打结
10.5cm 7cm 10.5cm
吊绳❶ 吊绳❹ 吊绳❷ 吊绳❸

※参照编织图把吊绳连接到底座上
※打结处需要用黏合剂固定

底座

①把铁丝卷成圆形，卷2圈
铁丝
约20cm

②在铁丝上缠上遮蔽胶带
遮蔽胶带

③在外侧涂上少量的黏合剂，紧紧缠上原白色的线
原白色的线
※把线头藏到内侧，处理

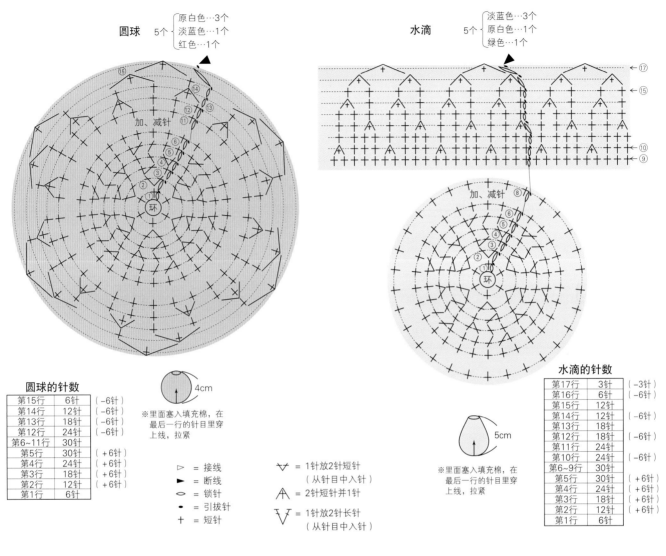

圆球 5个 ⎰ 原白色…3个 / 淡蓝色…1个 / 红色…1个

加、减针

水滴 5个 ⎰ 淡蓝色…3个 / 原白色…1个 / 绿色…1个

← ⑰
← ⑮
← ⑩
← ⑨

加、减针

圆球的针数

第15行	6针	（−6针）
第14行	12针	（−6针）
第13行	18针	（−6针）
第12行	24针	（−6针）
第6~11行	30针	
第5行	30针	（+6针）
第4行	24针	（+6针）
第3行	18针	（+6针）
第2行	12针	（+6针）
第1行	6针	

4cm

※里面塞入填充棉，在最后一行的针目里穿上线，拉紧

▷ = 接线
▶ = 断线
◠ = 锁针
• = 引拔针
+ = 短针

⋎ = 1针放2针短针（从针目中入针）
⋀ = 2针短针并1针
V = 1针放2针长针（从针目中入针）

水滴的针数

第17行	3针	（−3针）
第16行	6针	（−6针）
第15行	12针	
第14行	12针	（−6针）
第13行	18针	
第12行	18针	（−6针）
第11行	24针	
第10行	24针	（−6针）
第6~9行	30针	
第5行	30针	（+6针）
第4行	24针	（+6针）
第3行	18针	（+6针）
第2行	12针	（+6针）
第1行	6针	

5cm

※里面塞入填充棉，在最后一行的针目里穿上线，拉紧

云朵

原白色 2个

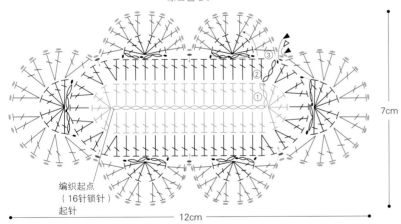

编织起点（16针锁针）起针

7cm

12cm

※云朵的2片织片钩织到第3行，然后把2片织片重叠在一起，钩织一行引拔针。
中途边塞入填充棉边钩织

钩织方法

钩织①~③的3针长针之后，钩织2针锁针。从①的长针的头部引拔出。接着在③的长针（下）的头部钩织6针长针，然后钩织2针锁针，并在长针头部引拔出。之后④、⑤钩织2针锁针，把钩针插入锁针与长针之间，引拔出。

大象 1个

参照第39页的c
（用线也一样）

小鸡 1个

参照第39页的d
（用线也一样）

备受欢迎的
婴儿服和小配饰

当宝宝慢慢长大后，会变得越来越活泼好动。
给宝宝穿上一件弹性好的针织衣物，
行动起来会非常方便。
同时可以搭配一些保暖性好的小配饰，会更好。

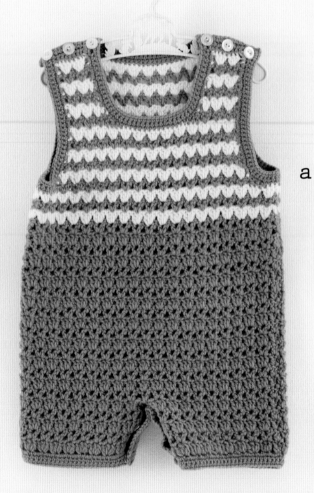

a

6 ～ 12个月

连体短裤

连体短裤的两个肩膀处和裤裆处都有按扣，穿脱非常方便。
宝宝动来动去，也不用担心他肚子露到外面。建议使用纯棉系列的线进行钩织。

钩织方法见第 48~51 页

●设计
钓谷京子
●用线
和麻纳卡 Wanpaku Denis

b

女孩穿的连体短裤，在领窝、袖口、下摆钩织褶边，胸部装饰上花片，显得非常可爱。

开襟毛衣

这是一款非常时尚的、使用拉针钩织的阿兰花样开襟毛衣。
仅仅改变钩针的插入位置即可钩织出立体织片，是非常简单轻松的钩织方法。

钩织方法见第 55~57 页

b

a

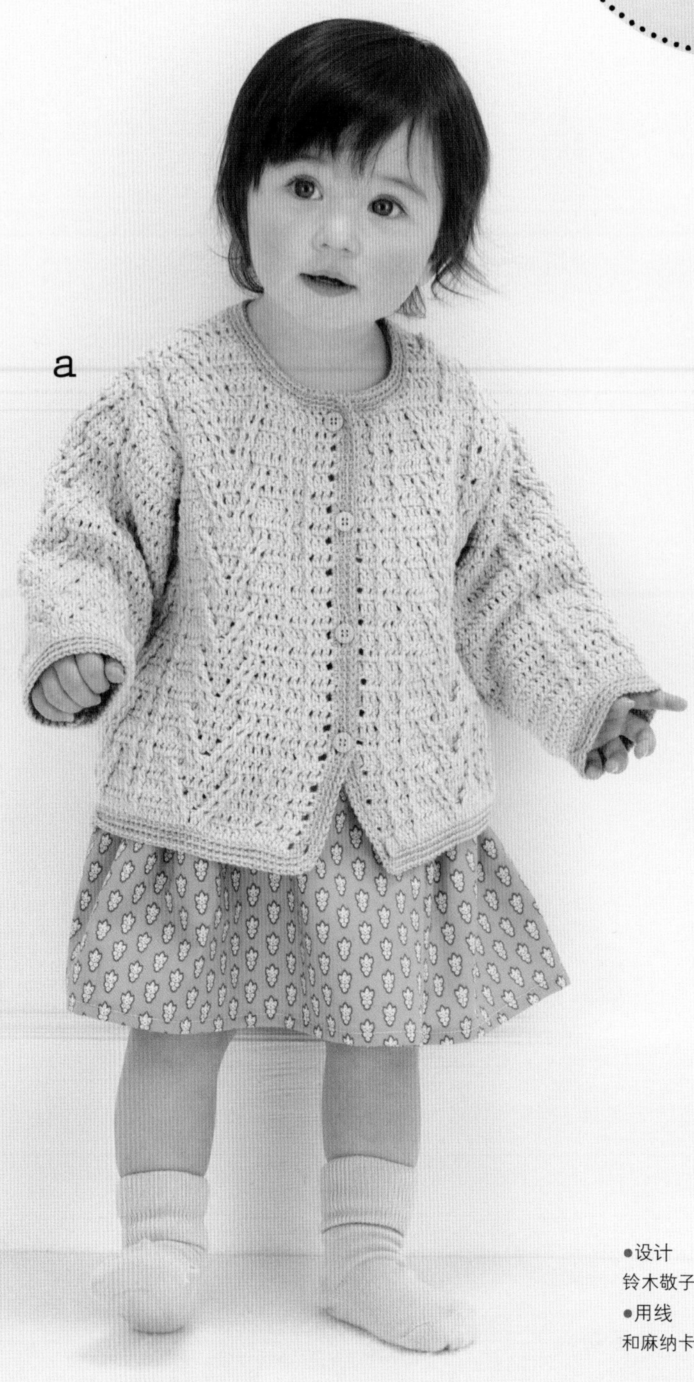

●设计
铃木敬子（pear）
●用线
和麻纳卡 Paume（矿物染）

无袖连衣裙

该款衣物不需要钩织腰线，前、后身是形状相同的织片，钩织方法简单。
如果宝宝长高了，衣服小了，还可以当作束腰外衣穿。

钩织方法见第 74、75 页

●设计
铃木敬子（pear）
●用线
和麻纳卡 Flax K

18 ~ 24 个月

短裤

a采用混合线、b采用纯棉系列的线钩织。宝宝穿上可以行动自如，非常方便。钩织时可根据季节不同，再决定选择哪种厚度。

钩织方法见第 52~54 页

●设计
Naomi Kanno
●用线
a：和麻纳卡 Lovely Baby
b：和麻纳卡 Paume（矿物染）、
　　Paume（Pure Cotton）Crochet

连帽斗篷

这款非常受欢迎的带耳朵连帽斗篷，在抱着孩子外出时
非常方便，可长期使用。

钩织方法见第 58、59 页

●设计
Naomi Kanno
●用线
和麻纳卡 Wanpaku Denis

连体短裤 ▸▸图片见第42、43页

●材料
用线…和麻纳卡 Wanpaku Denis

a：蓝色（8）130g/3团、白色（1）25g/1团

b：粉红色（5）150g/3团、白色（1）6g/1团、黄色（43）2g/1团

针…钩针5/0号

其他…直径13mm的纽扣6颗、直径8mm的衬扣6颗、直径12mm的按扣5对

●成品尺寸
胸围60cm，衣长 a约48cm、b约49cm

●密度
10cm×10cm面积内：编织花样20针、8行

●钩织方法

1 后身片起29针锁针，从左腿开始钩织，钩织4行后断线。右腿同样起29针锁针，钩织4行。从第5行开始，从左腿挑针钩织到胯部。前身片从右腿开始钩织，后身片同样参照编织图钩织（a钩织途中每一行边断线边钩织配色花样）。

2 下裆从前、后身片分别挑针钩织短针。

3 两胁做锁针接合。

4 领窝、袖窿、下摆分别钩织短针（b每个部分需要钩织褶边）。

5 缝上纽扣、按扣。

6 b钩织3片花片，缝到胸前。

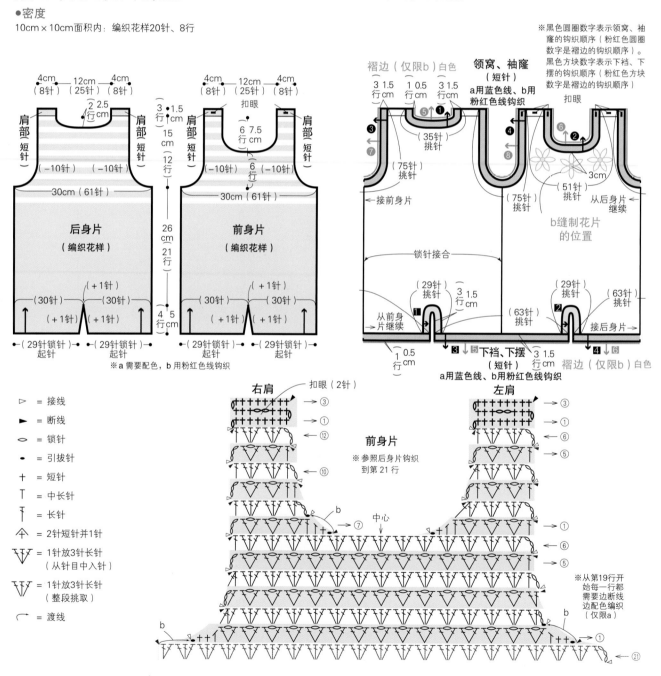

※黑色圆圈数字表示领窝、袖窿的钩织顺序（粉红色圆圈数字是褶边的钩织顺序）。黑色方块数字表示下裆、下摆的钩织顺序（粉红色方块数字是褶边的钩织顺序）。

▷ = 接线

► = 断线

◦ = 锁针

• = 引拔针

十 = 短针

Т = 中长针

ｆ = 长针

个 = 2针短针并1针

Ｖ = 1针放3针长针（从针目中入针）

Ｗ = 1针放3针长针（整段挑取）

⌐ = 渡线

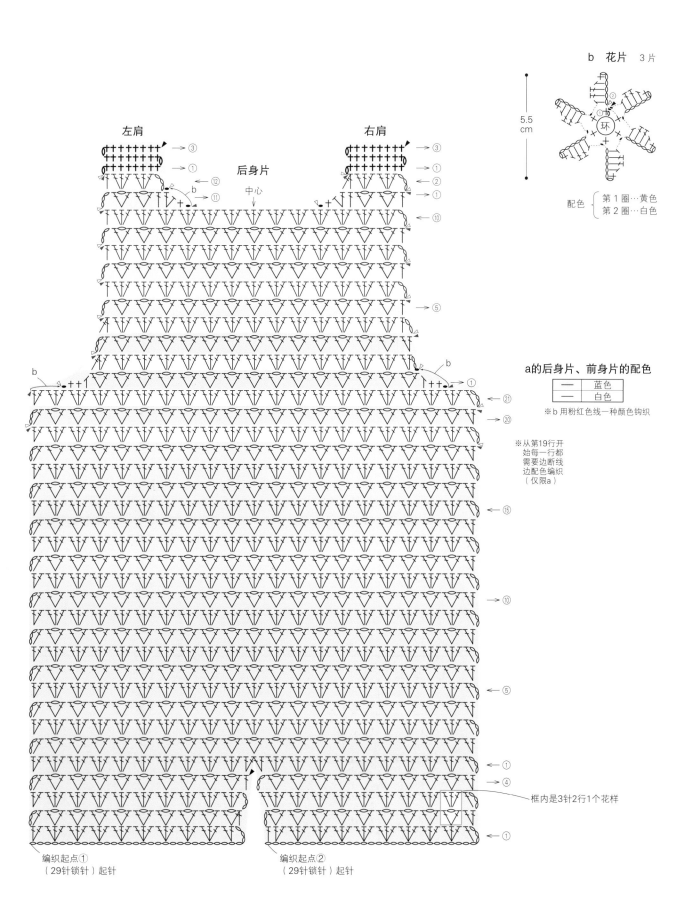

b　花片　3片

5.5
cm

配色 { 第1圈…黄色
　　　 第2圈…白色

左肩　　　　　　后身片　　　　右肩

中心

b

a的后身片、前身片的配色

| — | 蓝色 |
| — | 白色 |

※b 用粉红色线一种颜色钩织

※从第19行开始每一行都需要边断线边配色编织（仅限a）

框内是3针2行1个花样

编织起点①
（29针锁针）起针

编织起点②
（29针锁针）起针

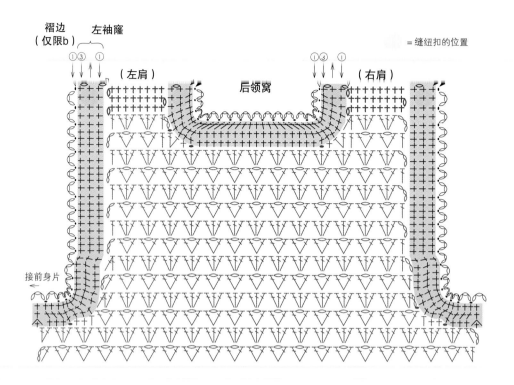

褶边（仅限b）　左袖窿

（左肩）　　后领窝　　（右肩）

= 缝纽扣的位置

接前身片

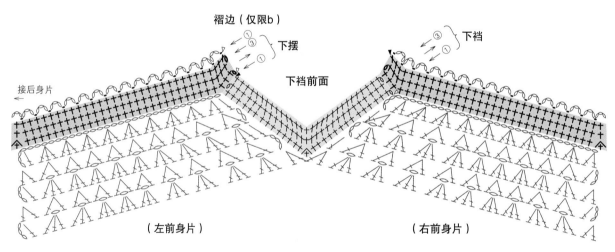

褶边（仅限b）

下摆　　　　下裆

接后身片

下裆前面

（左前身片）　　　　　　　（右前身片）

衬扣和外侧纽扣缝合的方法

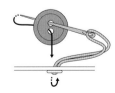

1
如图在缝针上穿上1根线对折，打结。从衬扣后面入针，穿过打结的线圈。

2
缝到织片上，线穿过纽扣，然后返回到衬扣上。

3
根据织片的厚度来决定立体线芯的长度。

4
在立体线芯上绕数圈线。

5
针穿过立体线芯底部的中间，从衬扣反面拉出。

6
在反面处理线头。

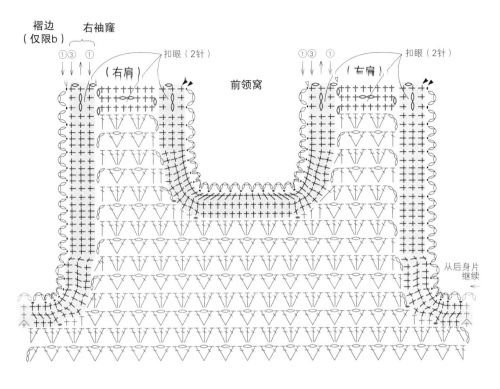

褶边
（仅限b）

右袖窿

① ③ ① 　　　　扣眼（2针）

（右肩）

前领窝

① ③ ①　　　扣眼（2针）

（左肩）

从后身片继续

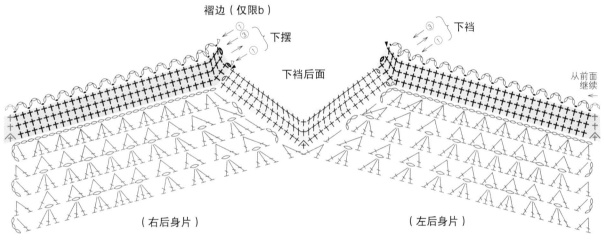

褶边（仅限b）

① ③ ① 下摆

下裆后面

③ ① 下裆

从前面继续

（右后身片）

（左后身片）

锁针接合
（短针的锁针接合）

1
把2片织片背面相对对齐，把钩针插入边端的起针针目里，立织1针锁针，然后钩织短针。

2
根据下一行针目的头部的长度，钩织锁针（长针的情况下钩织2针锁针）。再把钩针插入边端针目里，钩织短针。重复此步骤。

缝按扣的位置

（前身片）
（正面）
按扣（凹）

（后身片）
（反面）
按扣（凸）

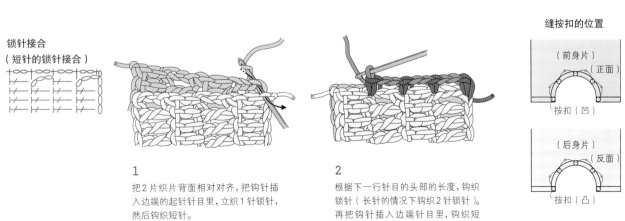

短裤 ▸▸ 图片见第46页

●材料

a：和麻纳卡 Lovely Baby 藏蓝色（29）115g/3团、原白色（2）30g/1团

b：和麻纳卡 Paume（矿物染）米色（42）125g/5团、Paume（Pure Cotton）Crochet原白色（1）45g/2团

针…钩针5/0号、3/0（仅限b）

其他…宽15mm的松紧带长52cm

●成品尺寸

腰围50cm（松紧带结合腰围大小）

裤长 a 35.5cm、b 36.5cm

●密度

10cm×10cm面积内：长针的条纹针20针、9行

●钩织方法

1 左、右短裤的主体起65针锁针，开始钩织。参照编织图边加针边钩织，a钩织长针的条纹针花样，b钩织12行长针的条纹针。接着边减针边钩织17行。裤腰部分钩织4行长针。

2 左、右下裆和前、后上裆，分别把织片正面相对对齐，做锁针接合。

3 a的下摆钩织1行边缘编织，b的下摆钩织3行边缘编织。然后在主体指定的位置分别钩织3行装饰花边。

4 配合腰围，把松紧带做成环，两端重叠2cm，再将腰头折下去，在反面做卷针缝缝合。

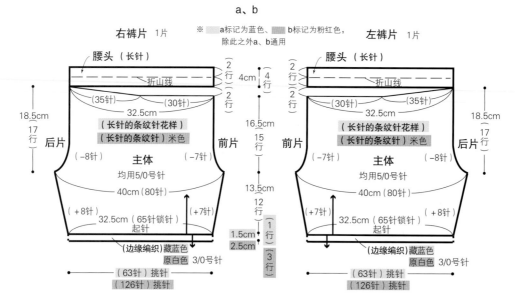

a、b

右裤片 1片 ※ a标记为蓝色、b标记为粉红色，除此之外a、b通用 左裤片 1片

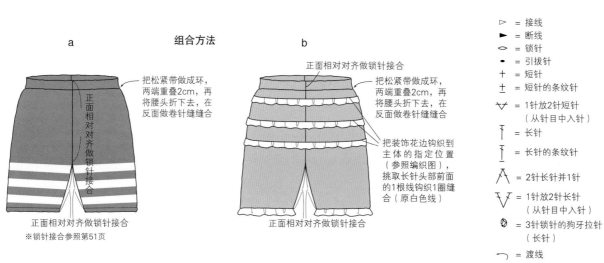

a

组合方法

b

把松紧带做成环，两端重叠2cm，再将腰头折下去，在反面做卷针缝缝合

正面相对对齐做锁针接合

把松紧带做成环，两端重叠2cm，再将腰头折下去，在反面做卷针缝缝合

正面相对对齐做锁针接合

把装饰花边钩织到主体的指定位置（参照编织图），挑取长针头部前面的1根线钩织1圈缝合（原白色线）

正面相对对齐做锁针接合
※锁针接合参照第51页

正面相对对齐做锁针接合

▷ ＝ 接线

► ＝ 断线

◯ ＝ 锁针

• ＝ 引拔针

十 ＝ 短针

士 ＝ 短针的条纹针

⋎ ＝ 1针放2针短针（从针目中入针）

┃ ＝ 长针

┇ ＝ 长针的条纹针

⋀ ＝ 2针长针并1针

⋁ ＝ 1针放2针长针（从针目中入针）

⬨ ＝ 3针锁针的狗牙拉针（长针）

⌒ ＝ 渡线

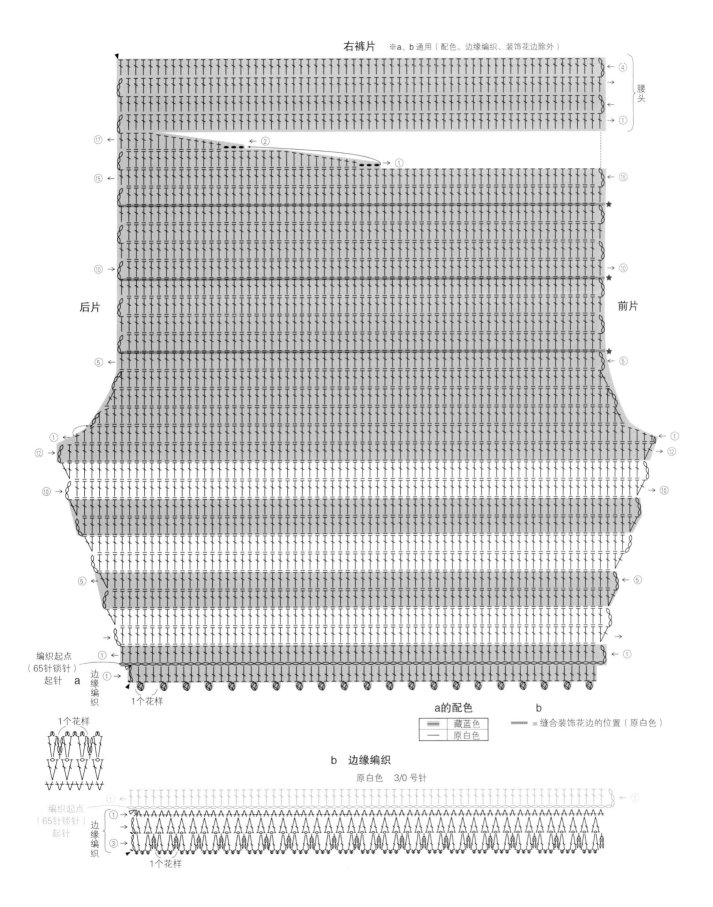

右裤片　※a、b通用（配色、边缘编织、装饰花边除外）

腰头

后片　　　　　　　　前片

编织起点
（65针锁针）
起针 a
边缘编织

1个花样

a的配色　　　b

▓▓▓ 藏蓝色　　= 缝合装饰花边的位置（原白色）
—— 原白色

b　边缘编织
原白色　3/0 号针

1个花样

编织起点
（65针锁针）
起针
边缘编织

1个花样

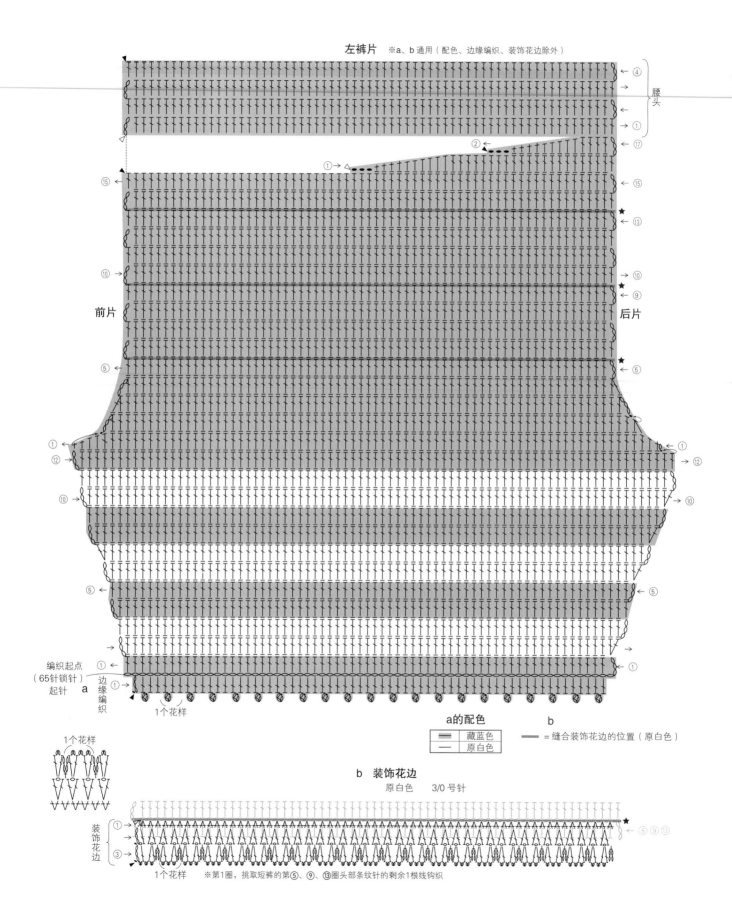

左裤片　※a、b通用（配色、边缘编织、装饰花边除外）

腰头

④
③
②
①
⑰

⑮
⑬
⑩
⑨
⑤

前片

后片

①
⑫
⑩
⑤
①

编织起点
（65针锁针）
起针　a
边缘编织

1个花样

a的配色

| | 藏蓝色 |
| | 原白色 |

b　= 缝合装饰花边的位置（原白色）

1个花样

装饰花边

b　装饰花边
原白色　3/0 号针

① ⑤ ⑨ ⑬

装饰花边

①
③

1个花样　　※第1圈，挑取短裤的第⑤、⑨、⑬圈头部条纹针的剩余1根线钩织

开襟毛衣

▸▸图片见第44页

●材料

用线…和麻纳卡 Paume（矿物染）

a：米色（42）210g/9团、浅灰色（45）15g/1团

b：浅灰色（45）210g/9团、米色（42）15g/1团

针…钩针5/0号

其他…直径12mm的纽扣5颗

●成品尺寸

胸围70.5cm、衣长33.5cm、肩宽28cm、袖长23.5cm

●密度

10cm×10cm面积内：编织花样20针、11.5行

●钩织方法

1 前、后身片起138针锁针，无须加、减针钩织21行编织花样。从袖窿开始前、后身片各钩织16行。左前身片无须加、减针钩织8行，前领窝边减针边钩织8行。接下来接线，钩织后身片，无须加、减针钩织15行，后领口边减针边钩织1行。然后接线钩织右前身片，无须加、减针钩织8行，前领窝边减针边钩织8行。

2 袖子钩42针锁针起针，两端边加针边钩织25行编织花样。袖下做锁针接合（2行留出不接合）。袖口钩织3行边缘编织。

3 肩部背面相对对齐，做卷针缝缝合。

4 前门襟、领窝、下摆各钩织3行边缘编织。

5 把袖窿和袖子背面相对对齐，做卷针缝缝合。

6 把纽扣缝到另一侧的前门襟上。

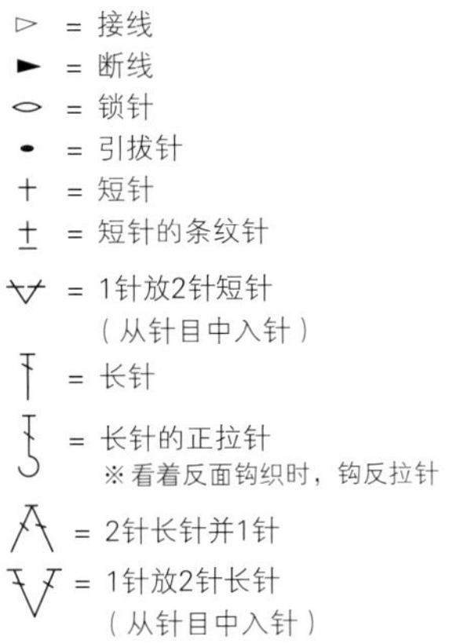

= 接线
= 断线
= 锁针
= 引拔针
= 短针
= 短针的条纹针
= 1针放2针短针
（从针目中入针）
= 长针
= 长针的正拉针
※看着反面钩织时，钩反拉针
= 2针长针并1针
= 1针放2针长针
（从针目中入针）

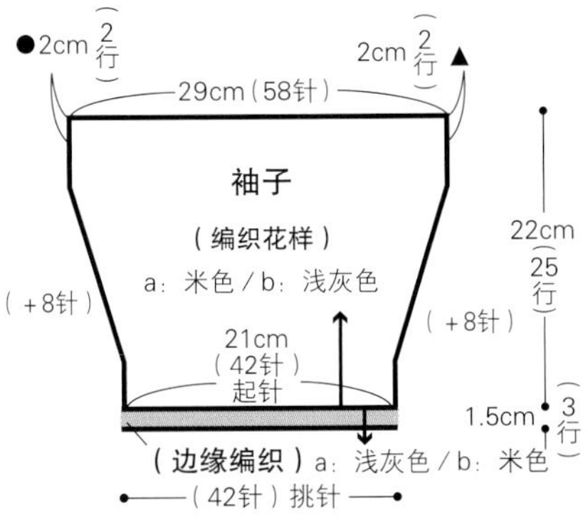

2cm 2行
2cm 2行
29cm（58针）
袖子
（编织花样）
a：米色/b：浅灰色
（+8针）
（+8针）
22cm 25行
21cm（42针）起针
1.5cm 3行
（边缘编织）a：浅灰色/b：米色
（42针）挑针

领窝、前门襟

（边缘编织）a：浅灰色/b：米色

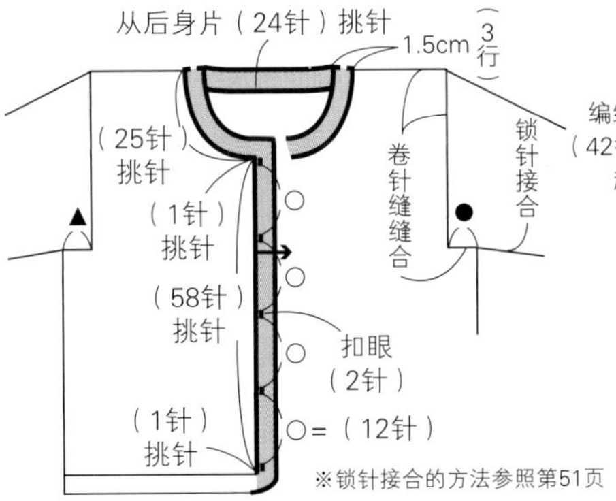

从后身片（24针）挑针
1.5cm 3行
（25针）挑针
（1针）挑针
（58针）挑针
（1针）挑针
卷针缝缝合
锁针接合
扣眼（2针）
○=（12针）

※锁针接合的方法参照第51页

袖子

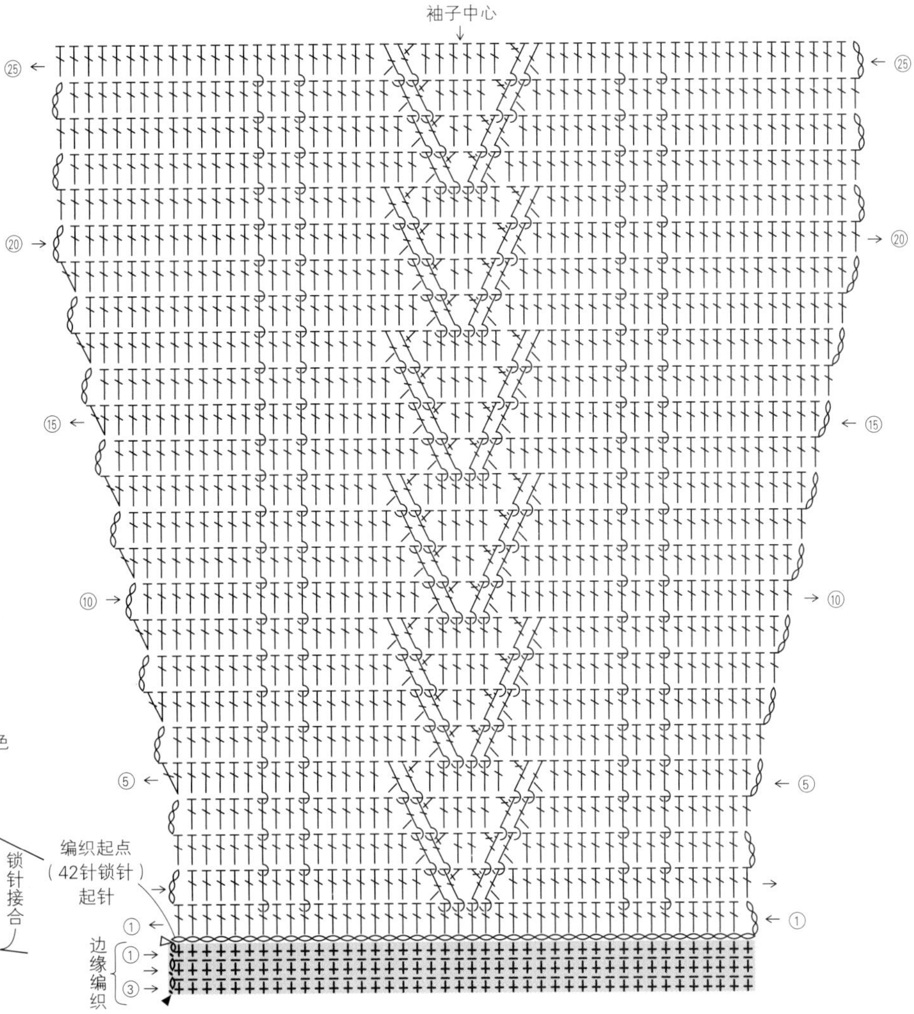

袖子中心
编织起点
（42针锁针）
起针
边缘编织

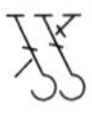

= 1针长针和长针的正拉针2针交叉（右上）

※看着反面钩织时，钩反拉针

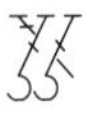

= 长针的正拉针2针和1针长针交叉（左上）

※看着反面钩织时，钩反拉针

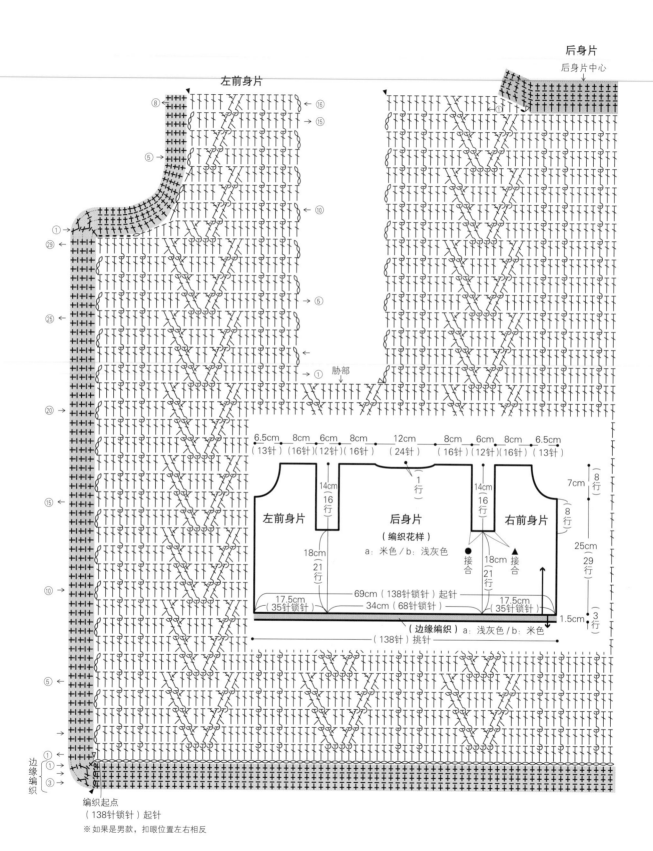

左前身片

后身片
后身片中心

胁部

⑧

⑯
⑮

⑤

①
㉙

㉕

⑩

⑤

①

㉕

⑳

⑮

⑩

⑤

边缘编织
①
①
③

编织起点
（138针锁针）起针

※如果是男款，扣眼位置左右相反

| 6.5cm | 8cm | 6cm | 8cm | 12cm | 8cm | 6cm | 8cm | 6.5cm |
| （13针） | （16针） | （12针） | （16针） | （24针） | （16针） | （12针） | （16针） | （13针） |

14cm
（16行）

（1行）

14cm
（16行）

7cm
（8行）

左前身片

后身片
（编织花样）
a：米色／b：浅灰色

右前身片

●
接合

18cm
（21行）

▲
接合

18cm
（21行）

（8行）

25cm
（29行）

18cm
（21行）

17.5cm
（35针锁针）

69cm（138针锁针）起针
34cm（68针锁针）

17.5cm
（35针锁针）

1.5cm
（3行）

（边缘编织）a：浅灰色／b：米色
（138针）挑针

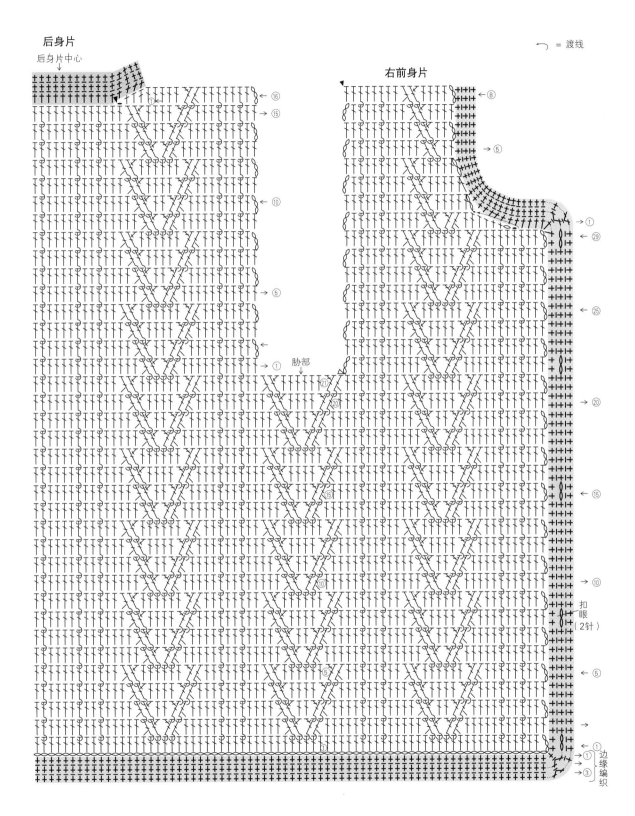

后身片

后身片中心

右前身片

⌒ = 渡线

边缘编织

扣眼（2针）

胁部

连帽斗篷 ▶▶ 图片见第47页

●材料
用线…和麻纳卡 Wanpaku Denis
浅灰色（34）215g/5团
针…钩针5/0号

●成品尺寸
衣长30cm、下摆周长103cm

●密度
边缘编织10cm内18针、3行3cm，
10cm×10cm面积内：编织花样B 22针、9行

●钩织方法
1 主体钩185针锁针起针，挑取第1行锁针的里山，钩织3行边缘编织和编织花样A，钩织24行编织花样A和编织花样B。风帽钩织19行编织花样A和编织花样B。在风帽的编织终点处，做卷针缝缝合。
2 绳子钩织罗纹绳。
3 参照编织图制作毛绒球。
4 参照组合方法，把耳朵缝到风帽上，其中耳朵向内卷，缝合。然后把绳子穿到相应的位置上，绳子两端缝上毛绒球。

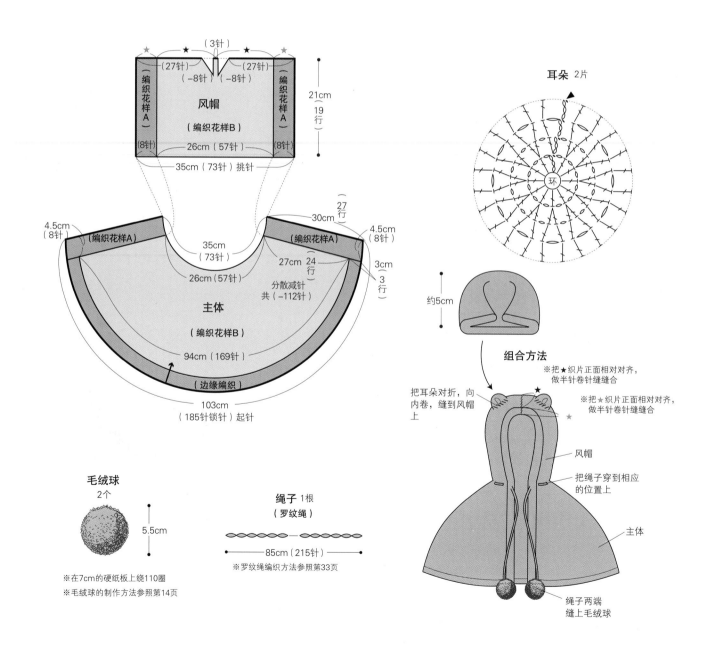

耳朵 2片

毛绒球
2个
5.5cm

※在7cm的硬纸板上绕110圈
※毛绒球的制作方法参照第14页

绳子 1根
（罗纹绳）

85cm（215针）
※罗纹绳编织方法参照第33页

组合方法

※把★织片正面相对对齐，做半针卷针缝缝合

※把★织片正面相对对齐，做半针卷针缝缝合

把耳朵对折，向内卷，缝到风帽上

风帽

把绳子穿到相应的位置上

主体

绳子两端缝上毛绒球

58

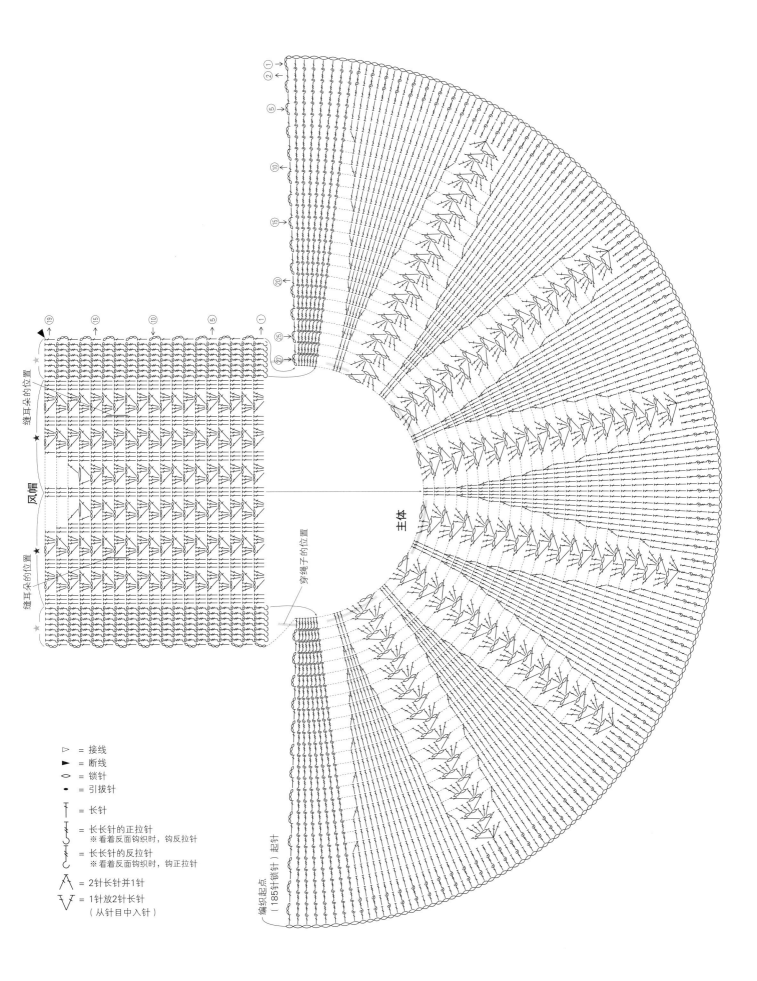

缝耳朵的位置

风帽

缝耳朵的位置

主体

穿绳子的位置

编织起点
（185针锁针）起针

▷ = 接线
► = 断线
○ = 锁针
• = 引拔针
┬ = 长针
= 长长针的正拉针
　※看着反面钩织时，钩反拉针
= 长长针的反拉针
　※看着反面钩织时，钩正拉针
Λ = 2针长针并1针
V = 1针放2针长针
　（从针目中入针）

a

b

帽子

在同一织片上缝上耳朵、眼睛、
毛绒球、花片等装饰做成帽子，
宝宝会非常喜欢。
用宝宝喜爱的花片钩织帽子，
外出时戴上，好看又好玩。

钩织方法见第 62、63 页

●设计
小野优子（ucono）
●用线
和麻纳卡 Paume（Pure Cotton）
Knit、Paume Baby Color、
Wash Cotton（Crochet）
（仅限b）

c

d

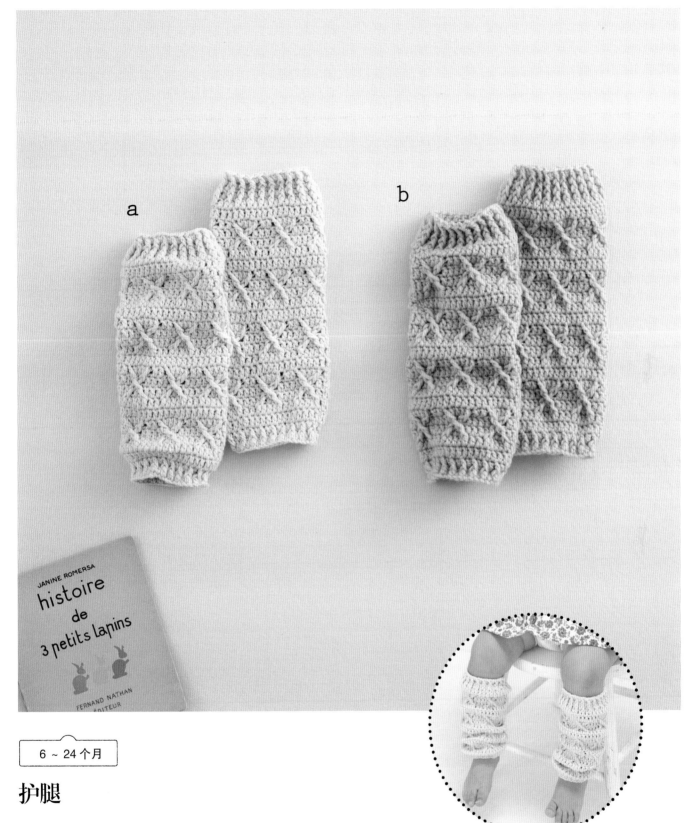

护腿

a用纯棉，b用混纺羊毛线钩织而成。

除了用于腿部保暖，还可用于手臂的保暖、防晒等，用途广泛。

钩织方法见第 64 页

●设计

小野优子（ucono）

●用线

a：和麻纳卡 Paume Baby Color、b：Lovely Baby

61

帽子 ▶▶图片见第60页

●材料
用线…a：和麻纳卡 Paume（Pure Cotton）Knit 原白色（21）45g/2团
b：和麻纳卡 Paume（Pure Cotton）Knit 原白色（21）20g/1团
Paume Baby Color 浅黄色（93）20g/1团
Wash Cotton（Crochet）茶色（138）1g/1团
c：和麻纳卡 Paume（Pure Cotton）Knit 原白色（21）22g/1团
Paume Baby Color 淡蓝色（97）21g/1团
d：和麻纳卡 Paume（Pure Cotton）Knit 原白色（21）22g/1团
Paume Baby Color 粉红色（91）21g/1团
针…钩针5/0号

●成品尺寸
头围46cm、帽深14cm

●密度
10cm×10cm面积内：长针（长针条纹）21针、10行

●钩织方法
1 主体环形起针，钩织9圈长针（长针条纹）。然后钩织4圈编织花样（条纹花样）。再钩织3圈边缘编织。
2 a的耳朵环形起针，钩织7圈短针。
3 b的绳子钩12针锁针起针，参照编织图钩织。
4 c的毛绒球参照编织图制作。
5 d的花片环形起针，参照编织图钩织2行花a、4行花b。把花a缝到花b上。
6 参照组合方法，把各个部分缝到一起。

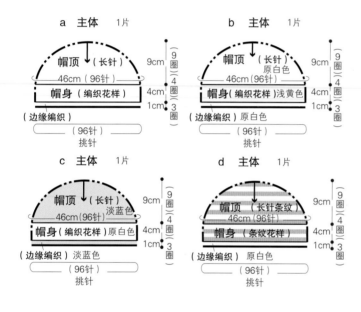

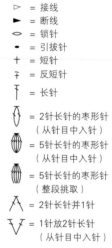

= 接线
► = 断线
⬭ = 锁针
• = 引拔针
十 = 短针
干 = 反短针
† = 长针
= 2针长针的枣形针（从针目中入针）
= 5针长针的枣形针（从针目中入针）
= 5针长针的枣形针（整段挑取）
= 2针长针并1针
= 1针放2针长针（从针目中入针）

a 组合方法
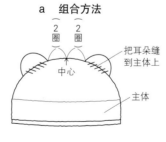

b 组合方法
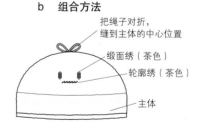

c 组合方法

d 组合方法

轮廓绣
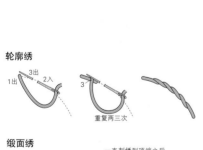

缎面绣

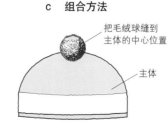

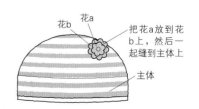

主体　a～d通用　※d每一行都要渡线

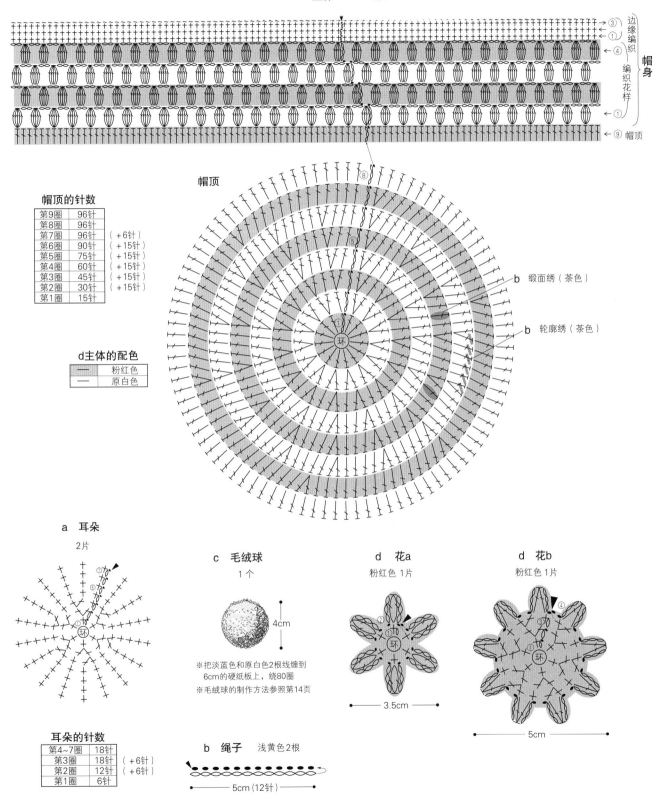

边缘编织
帽身
编织花样
帽顶

③
①
④
①
⑨ 帽顶

帽顶

⑧
⑥
①
环

b　缎面绣（茶色）

b　轮廓绣（茶色）

帽顶的针数

第9圈	96针	
第8圈	96针	
第7圈	96针	（+6针）
第6圈	90针	（+15针）
第5圈	75针	（+15针）
第4圈	60针	（+15针）
第3圈	45针	（+15针）
第2圈	30针	（+15针）
第1圈	15针	

d主体的配色

─	粉红色
─	原白色

a　耳朵

2片

耳朵的针数

第4~7圈	18针	
第3圈	18针	（+6针）
第2圈	12针	（+6针）
第1圈	6针	

c　毛绒球

1个

4cm

※把淡蓝色和原白色2根线缠到
6cm的硬纸板上，绕80圈
※毛绒球的制作方法参照第14页

b　绳子　浅黄色2根

←—— 5cm（12针）——→

d　花a

粉红色 1片

●—— 3.5cm ——●

d　花b

粉红色 1片

●———— 5cm ————●

护腿 ▸▸ 图片见第61页

●**材料**
用线…a：和麻纳卡 Paume Baby Color 浅黄绿色（94）64g/3团
b：和麻纳卡 Lovely Baby 烟粉色（23）66g/2团
针…钩针5/0号
其他…松紧带适量

●**成品尺寸**
腿围20cm、长23cm

●**密度**
10cm×10cm面积内：编织花样A、B均为21针、11.5行

●**钩织方法**
1 主体钩42针锁针起针，连接成环，开始钩织。第1圈挑取锁针的里山钩织2圈编织花样A，接着钩织21圈编织花样B，再钩织4圈编织花样A。
2 在指定的两处穿上2根松紧带，根据腿围调整其尺寸。

主体

穿松紧带的位置

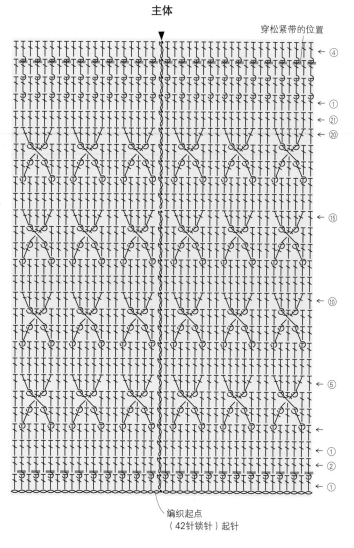

编织起点
（42针锁针）起针

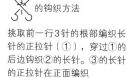

▷ = 接线
▶ = 断线
◇ = 锁针
• = 引拔针
┴ = 长针
┴ = 长针的正拉针

③②①
✕ 的钩织方法

挑取前一行3针的根部编织长针的正拉针（①），穿过①的后边钩织②的长针。③的长针的正拉针在正面编织

主体 2片

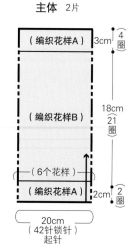

（编织花样A） 3cm ④圈
（编织花样B） 18cm 21圈
（6个花样）
（编织花样A） 2cm ②圈
20cm
（42针锁针）
起针

把锁针连接成环

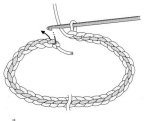

1
钩织所需的锁针针数，在锁针最初的里山插入钩针，连接成环（注意锁针不要扭了）。

2
挂线引拔出。接着立织锁针。

系带花边帽 ▸▸图片见第8页

●材料
用线…利麻纳卡 Paume（Pure Cotton）Baby　原白色（11）50g/2团
针…钩针5/0号

●成品尺寸
参照编织图

●密度
10cm×10cm面积内：编织花样20针、12行

●钩织方法
1 钩68针锁针起针，钩织15行编织花样。然后中间的22针再钩织14行编织花样。
2 正面相对对齐，在相同标记处做卷针缝合。
3 钩织边缘编织A。
4 接着钩织边缘编织B。
5 钩织绳子，穿到相应的位置上。

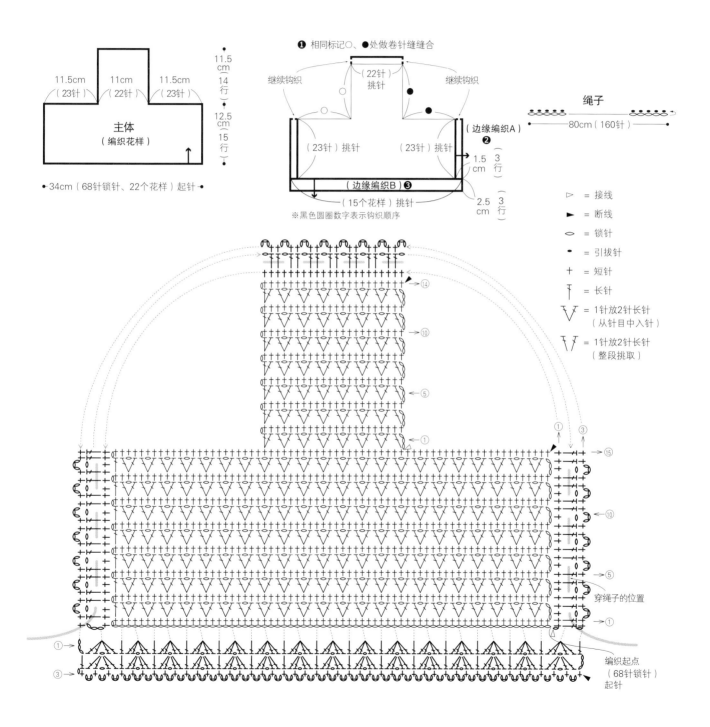

❶ 相同标记○、●处做卷针缝缝合

继续钩织　（22针挑针）　继续钩织

（边缘编织A）❷

（23针）挑针　　（23针）挑针

（边缘编织B）❸
（15个花样）挑针

※黑色圆圈数字表示钩织顺序

11.5cm（23针）　11cm（22针）　11.5cm（23针）

主体（编织花样）

11.5cm 14行

12.5cm 15行

34cm（68针锁针、22个花样）起针

1.5cm 3行
2.5cm 3行

绳子
80cm（160针）

▷ = 接线
► = 断线
○ = 锁针
● = 引拔针
+ = 短针
Ｔ = 长针
Ｖ = 1针放2针长针（从针目中入针）
Ｖ = 1针放2针长针（整段挑取）

穿绳子的位置

编织起点（68针锁针）起针

庆典礼服裙　▸▸图片见第8页

● 材料
用线　和麻纳卡 Daume（Pure Cotton）Baby
原白色（11）200g/12团
针 … 钩针5/0号
其他 … 直径1cm的珍珠纽扣10颗、松紧带长40cm

● 成品尺寸
胸围50cm、衣长56.5cm、袖长21.5cm

● 密度
10cm×10cm面积内：编织花样A19针、10行
10cm×10cm面积内：编织花样B20针、12行

●钩织方法
1 钩129针锁针起针，从裙片开始钩织。参照编织图分散加针钩织4行编织花样A'，再钩织37行编织花样A。最后钩织1行边缘编织。
2 从裙片的起针的锁针处挑针，前、后身片做编织花样B。
3 肩部正面相对对齐，做半针的卷针缝缝合。
4 领窝钩织短针。
5 前门襟继续钩织短针。在右前门襟（男款在左前门襟）钩织扣眼。
6 钩织2片袖子，做卷针缝缝到身片上，注意对齐。
7 袖下正面相对对齐，做锁针接合。
8 袖口穿上松紧带并打结。
9 缝上纽扣。

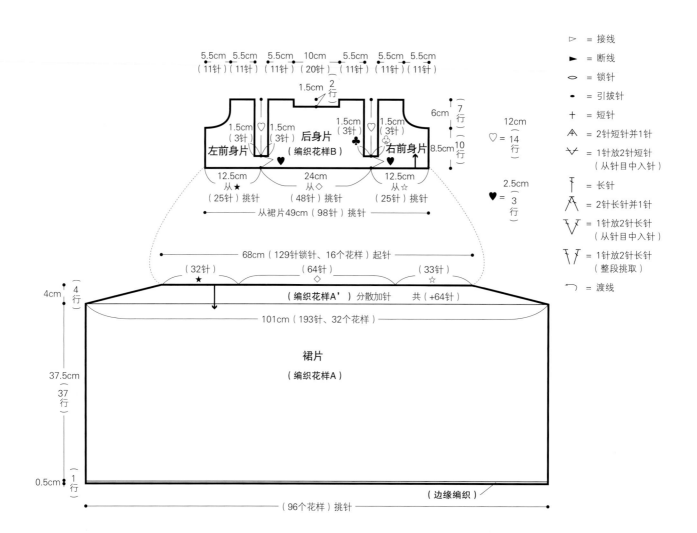

66

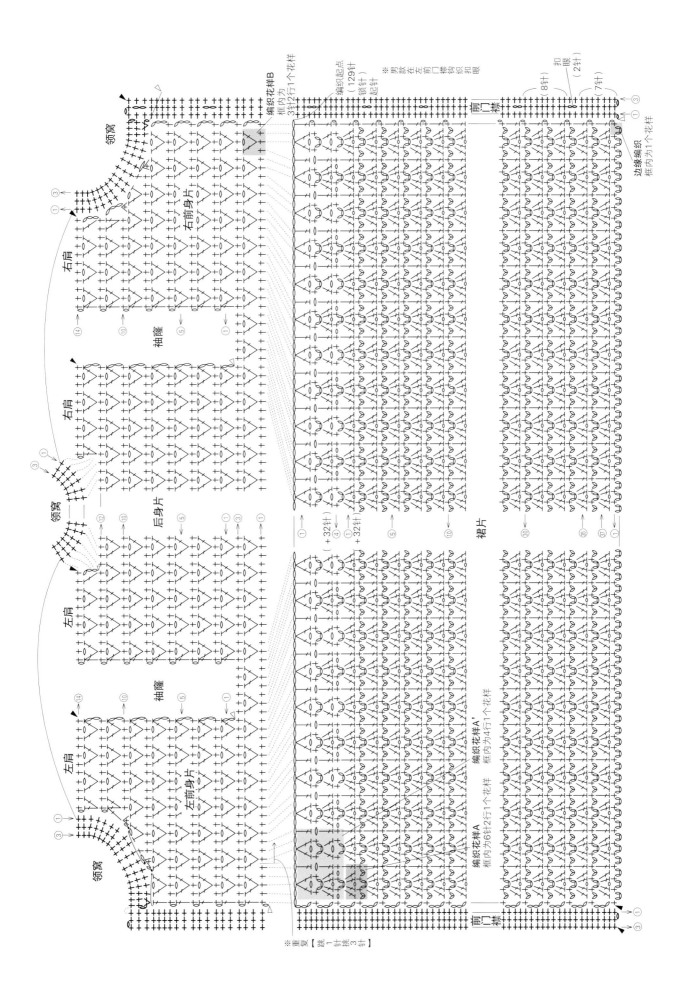

67

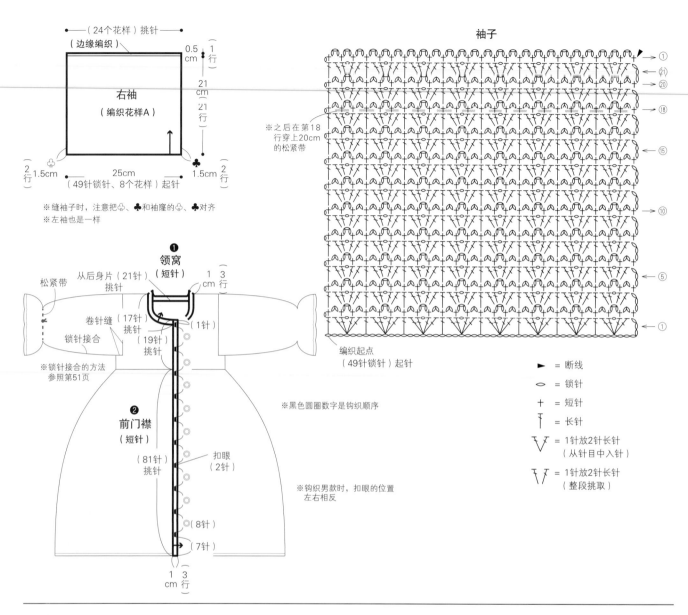

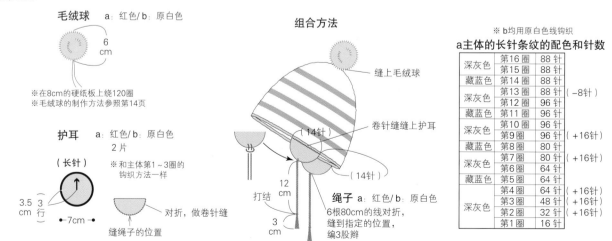

＜接第69页＞

※黑色圆圈数字是钩织顺序

► = 断线

⬭ = 锁针

╋ = 短针

Ⴕ = 长针

Ⴝ = 1针放2针长针
（从针目中入针）

Ⴝ = 1针放2针长针
（整段挑取）

※钩织男款时，扣眼的位置
左右相反

毛绒球 a：红色/b：原白色

护耳 a：红色/b：原白色
2片

※在8cm的硬纸板上绕120圈
※毛绒球的制作方法参照第14页

※和主体第1~3圈的
钩织方法一样

对折，做卷针缝

缝绳子的位置

组合方法

缝上毛绒球

卷针缝缝上护耳

绳子 a：红色/b：原白色
6根80cm的线对折，
缝到指定的位置，
编3股辫

打结

※ b均用原白色线钩织

a主体的长针条纹的配色和针数

深灰色	第16圈	88针	
	第15圈	88针	
藏蓝色	第14圈	88针	
深灰色	第13圈	88针	（-8针）
	第12圈	96针	
藏蓝色	第11圈	96针	
深灰色	第10圈	96针	
	第9圈	96针	（+16针）
藏蓝色	第8圈	80针	
深灰色	第7圈	80针	（+16针）
	第6圈	64针	
藏蓝色	第5圈	64针	
	第4圈	64针	（+16针）
深灰色	第3圈	48针	（+16针）
	第2圈	32针	（+16针）
	第1圈	16针	

护耳帽 ▸▸ 图片见第11页

●材料
用线…和麻纳卡 Fairlady 50
a：深灰色（49）30g/1团、藏蓝色（27）10g/1团、
红色（101）25g/1团
b：原白色（2）60g/2团
针…钩针5/0号

●成品尺寸
头围45cm、帽深18.5cm

●密度
10cm×10cm面积内：长针19.5针、9行

●钩织方法
1　主体环形起针，参照编织图，钩织16圈长针条纹。最后用红色线钩织1圈短针。
2　护耳用红色线钩织3圈，对折成半圆形织片后做卷针缝缝合。
3　参照编织图，卷针缝缝上护耳，然后缝上三股辫编织的绳子。把毛绒球缝到帽子的顶部。
　※b均用原白色线钩织。

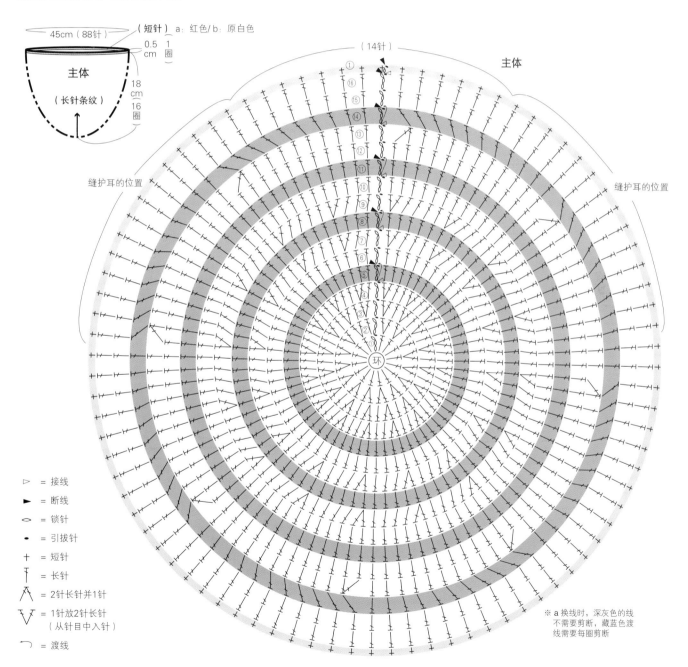

45cm（88针）　　（短针）a：红色/b：原白色

0.5 cm　1圈

主体

（长针条纹）

18 cm 16圈

（14针）　　主体

缝护耳的位置

缝护耳的位置

环

※a换线时，深灰色的线
不需要剪断，藏蓝色渡
线需要每圈剪断

▷ = 接线
► = 断线
◦ = 锁针
• = 引拔针
十 = 短针
Ⅰ = 长针
⋀ = 2针长针并1针
Ⅴ = 1针放2针长针
　　（从针目中入针）
⌐ = 渡线

69

手套 ▸▸图片见第11页

●材料

用线…和麻纳卡 Fairlady 50

a：深灰色（49）20g/1团、藏蓝色（27）6g/1团、红色（101）6g/1团

b：原白色（2）30g/1团

针…钩针5/0号

●成品尺寸

手掌围15cm、长15cm

●密度

10cm×10cm面积内：长针19.5针、9行

●钩织方法

1 主体环形起针，参照编织图，用深灰色线钩织9圈长针。接着钩织条纹花样。在第1圈钩织4针锁针的拇指穿入口。钩织完5圈条纹花样后，用红色线钩织边缘编织。

2 从拇指穿入口挑10针，钩织4圈拇指。最后的5针穿入线头，拉紧。

3 钩织2只相同的手套。

※b均用原白色线钩织。

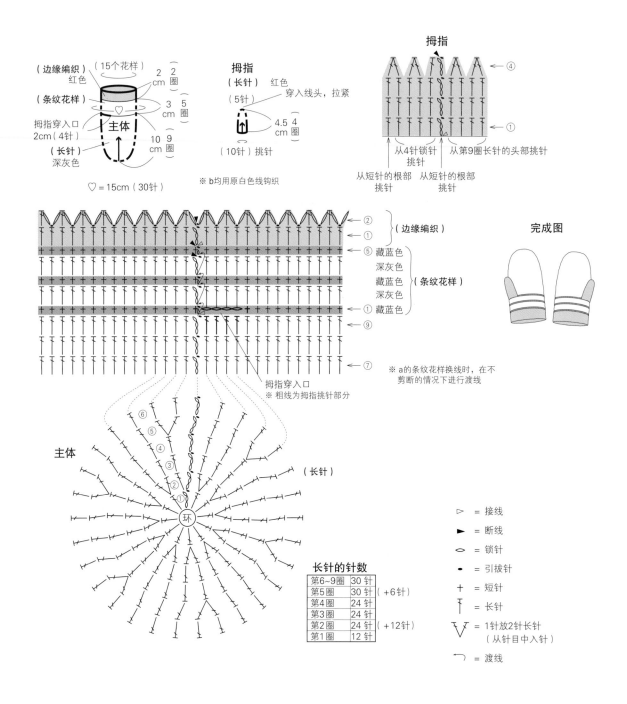

（边缘编织）（15个花样）
红色
2cm 2圈

（条纹花样） 3cm 5圈

拇指穿入口 2cm（4针）

（长针） 深灰色 10cm 9圈

主体

♡=15cm（30针）

拇指

（长针） 红色

（5针） 穿入线头，拉紧

4.5cm 4圈

（10针）挑针

※b均用原白色线钩织

拇指

④

①

从4针锁针挑针 从第9圈长针的头部挑针

从短针的根部挑针 从短针的根部挑针

（边缘编织）
②
①

⑤ 藏蓝色
深灰色
藏蓝色 （条纹花样）
深灰色
① 藏蓝色
⑨
⑦

拇指穿入口
※粗线为拇指挑针部分

完成图

※a的条纹花样换线时，在不剪断的情况下进行渡线

主体

（长针）

环
①②③④⑤⑥

长针的针数

第6~9圈	30针	
第5圈	30针	（+6针）
第4圈	24针	
第3圈	24针	
第2圈	24针	（+12针）
第1圈	12针	

▷ ＝接线

► ＝断线

○ ＝锁针

• ＝引拔针

+ ＝短针

T ＝长针

V ＝1针放2针长针（从针目中入针）

⌐ ＝渡线

袜子 ▸▸图片见第11页

●材料

用线…和麻纳卡 Fairlady 50

a：深灰色（49）25g/1团、藏蓝色（27）5g/1团、
红色（101）5g/1团

b：原白色（2）35g/1团

针…钩针5/0号

●成品尺寸

袜筒一周15cm、袜底长15.5cm

●密度

10cm×10cm面积内：长针19.5针、9行

●钩织方法

1 主体环形起针，参照编织图，用深灰色线钩织11圈长针。

2 其中12针休针，剩余的18针往返钩织3圈长针。18针分成两组，每组9针卷针缝缝到一起。

3 挑取12针休针和3圈往返编织的两端各9针，用这30针钩织条纹花样。

4 用红色线钩织边缘编织。

5 钩织2只相同的袜子。

※b均用原白色线钩织

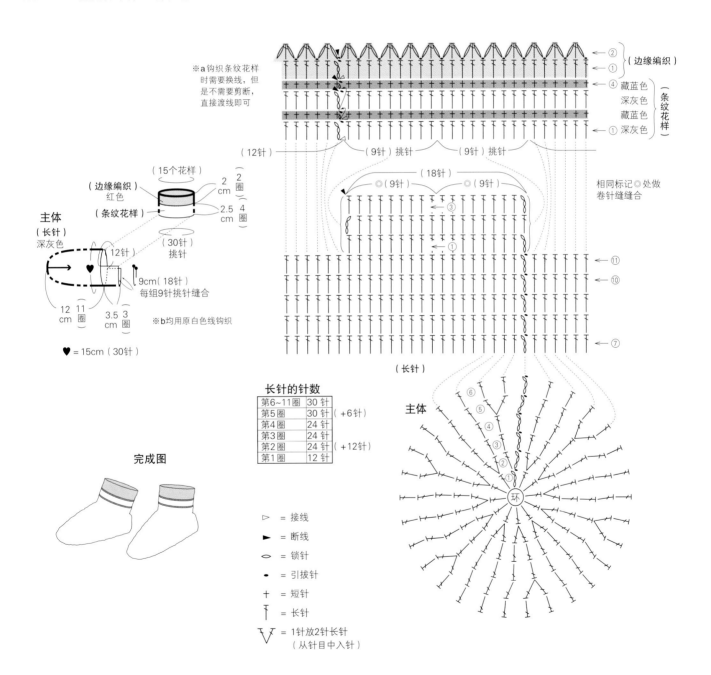

长针的针数

第6~11圈	30 针	
第5圈	30 针	（+6针）
第4圈	24 针	
第3圈	24 针	
第2圈	24 针	（+12针）
第1圈	12 针	

完成图

▷ = 接线

► = 断线

○ = 锁针

• = 引拔针

+ = 短针

Ŧ = 长针

V = 1针放2针长针
（从针目中入针）

※a钩织条纹花样时需要换线，但是不需要剪断，直接渡线即可

相同标记◎处做卷针缝缝合

※b均用原白色线钩织

♥ = 15cm（30针）

两用婴儿毯　▸▸图片见第10页

●材料
用线…和麻纳卡 Wanpaku Denis
a：灰蓝色（57）150g/3团、灰黄色（54）100g/2团
b：米色（55）150g/3团、灰粉色（56）100g/2团
针…钩针5/0号

●成品尺寸
宽85cm、长42cm

●密度
10cm×10cm面积内：条纹花样21针、9.5行

●钩织方法
1 钩177针锁针起针，参照编织图钩织条纹花样。用灰蓝色线和灰黄色线每2行交叉钩织，钩织到第32行（换线时不断线，直接渡线）。最后7行用灰蓝色线钩织（仅a的配色）。
2 接着钩织侧面边缘编织的短针、下摆的边缘编织、另一侧面边缘编织的1行短针。
3 钩织绳子，穿到相应的位置。

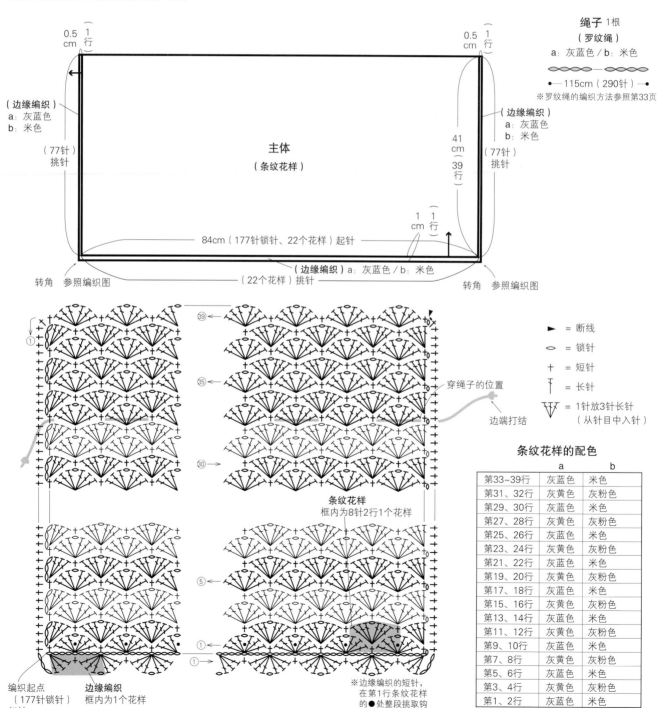

绳子 1根
（罗纹绳）
a：灰蓝色 / b：米色
●——115cm（290针）——●
※罗纹绳的编织方法参照第33页

0.5cm　（1行）
（边缘编织）
a：灰蓝色
b：米色
（77针）挑针

主体
（条纹花样）

41cm（39行）

0.5cm　（1行）
（边缘编织）
a：灰蓝色
b：米色
（77针）挑针

1cm（1行）

84cm（177针锁针、22个花样）起针

（边缘编织）a：灰蓝色 / b：米色
（22个花样）挑针

转角　参照编织图
转角　参照编织图

▶ = 断线
○ = 锁针
+ = 短针
↑ = 长针
↓V = 1针放3针长针（从针目中入针）

穿绳子的位置
边端打结

条纹花样
框内为8针2行1个花样

编织起点
（177针锁针）起针

边缘编织
框内为1个花样

※边缘编织的短针，在第1行条纹花样的●处整段挑取钩织

条纹花样的配色

	a	b
第33~39行	灰蓝色	米色
第31、32行	灰黄色	灰粉色
第29、30行	灰蓝色	米色
第27、28行	灰黄色	灰粉色
第25、26行	灰蓝色	米色
第23、24行	灰黄色	灰粉色
第21、22行	灰蓝色	米色
第19、20行	灰黄色	灰粉色
第17、18行	灰蓝色	米色
第15、16行	灰黄色	灰粉色
第13、14行	灰蓝色	米色
第11、12行	灰黄色	灰粉色
第9、10行	灰蓝色	米色
第7、8行	灰黄色	灰粉色
第5、6行	灰蓝色	米色
第3、4行	灰黄色	灰粉色
第1、2行	灰蓝色	米色

骰子　▸▸图片见第36页

●材料
用线…和麻纳卡 Wash Cotton
橙色（29）60g/2团、原白色（2）20g/1团
针…钩针4/0号
其他…填充棉 适量

●成品尺寸
边长10cm

●密度
10cm×10cm面积内：短针的配色花样28针、26行

●钩织方法
1 每个面分别钩28针锁针起针，参照编织图用短针钩织配色花样。钩织花样时，注意线头不要露在外面。
2 钩织6面之后，途中边塞入填充棉边参照编织图做卷针缝合。

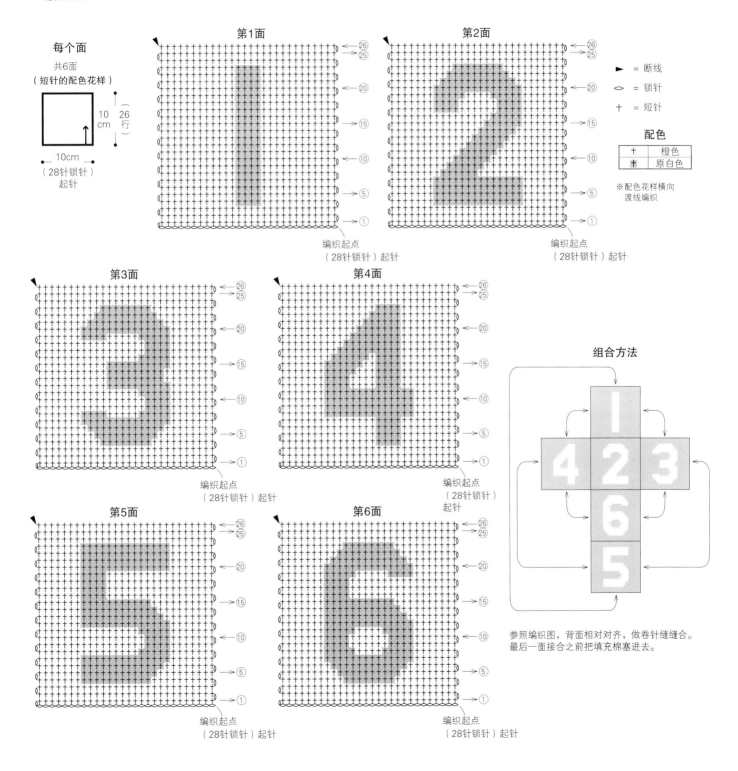

每个面
共6面
（短针的配色花样）

10cm
（26行）

10cm
（28针锁针）
起针

第1面
26
25
20
15
10
5
1
编织起点
（28针锁针）起针

第2面
26
25
20
15
10
5
1
编织起点
（28针锁针）起针

► ＝ 断线
◖ ＝ 锁针
＋ ＝ 短针

配色

＋	橙色
＋	原白色

※配色花样横向
渡线编织

第3面
26
25
20
15
10
5
1
编织起点
（28针锁针）起针

第4面
26
25
20
15
10
5
1
编织起点
（28针锁针）起针

组合方法

参照编织图，背面相对对齐，做卷针缝合。
最后一面接合之前把填充棉塞进去。

第5面
26
25
20
15
10
5
1
编织起点
（28针锁针）起针

第6面
26
25
20
15
10
5
1
编织起点
（28针锁针）起针

73

无袖连衣裙　▸▸图片见第45页

●材料
用线…和麻纳卡 Flax K
a：砖红色（210）200g/8团
b：炭灰色（201）200g/8团
针…钩针5/0号
其他…直径1.5cm的纽扣4颗

●成品尺寸
胸围52cm、肩宽20cm、衣长45cm

●密度
10cm×10cm面积内：长针22针、11行
10cm×10cm面积内：编织花样21针、11行

●钩织方法
1　后身片钩87针锁针起针，钩织1行短针。继续参照编织图，钩织长针和编织花样。胁部、袖隆参照图示减针钩织。肩部钩织2行短针。

2　前身片和后身片钩织方法一样，肩部钩织扣眼。

3　把前、后身片正面相对对齐，两胁做锁针接合。

4　袖隆、肩部、领窝钩织短针和边缘编织A。

5　环形钩织下摆的边缘编织B。

6　缝上纽扣。

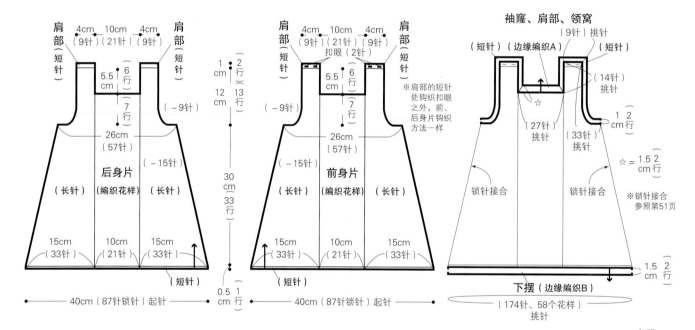

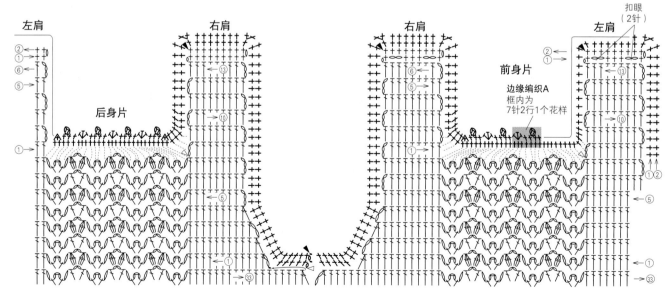

74

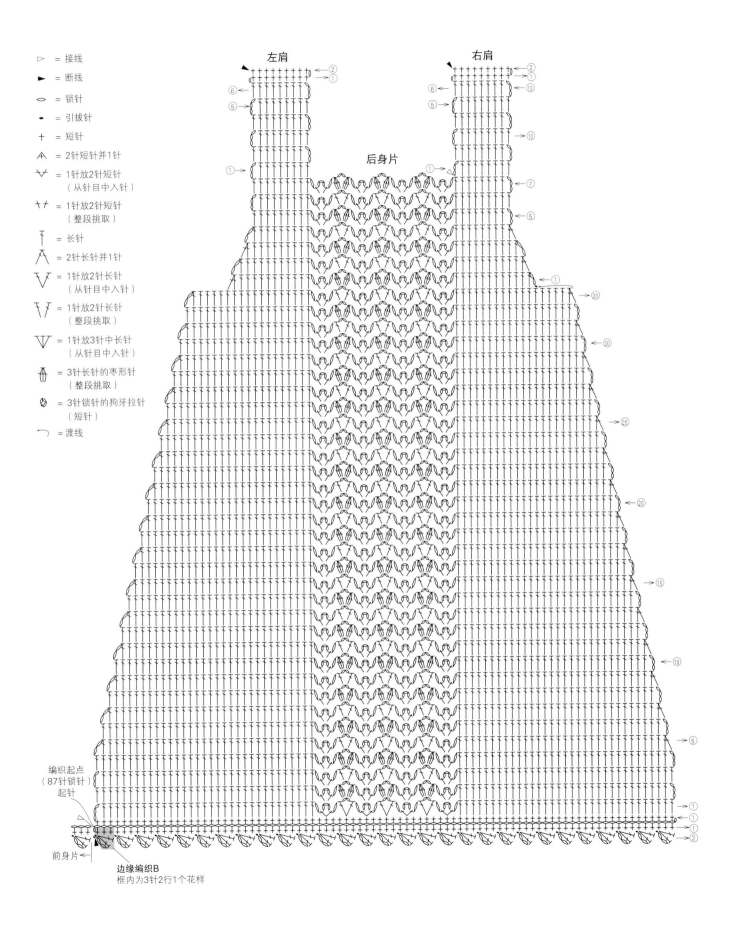

左肩

右肩

后身片

前身片

= 接线
= 断线
= 锁针
= 引拔针
= 短针
= 2针短针并1针
= 1针放2针短针
（从针目中入针）
= 1针放2针短针
（整段挑取）
= 长针
= 2针长针并1针
= 1针放2针长针
（从针目中入针）
= 1针放2针长针
（整段挑取）
= 1针放3针中长针
（从针目中入针）
= 3针长针的枣形针
（整段挑取）
= 3针锁针的狗牙拉针
（短针）
= 渡线

编织起点
（87针锁针）
起针

边缘编织B
框内为3针2行1个花样

宝宝鞋 ▸▸图片见第13页

●材料
用线…和麻纳卡 Paume（矿物染）

a：粉红色（43）35g/2团

b：亮灰色（45）35g/2团

针…钩针5/0号

●成品尺寸
鞋底长10cm、鞋帮高6cm

●密度
10cm×10cm面积内：长针20.5针、17.5行

●钩织方法
1 鞋底钩12针锁针起针，参照编织图钩织短针和中长针。

2 鞋帮的第1行钩织中长针的条纹针，下 行开始钩织中长针。3行钩织完之后，前侧钩织21针之后再往返钩织4行，继续钩织边缘编织。

3 鞋面钩5针锁针起针，参照编织图钩织。

4 钩织30针锁针的绳子。然后将鞋面和鞋帮对齐标记钩织短针缝合。之后另一侧的绳子也钩织30针锁针。

5 钩织2只相同的鞋子。

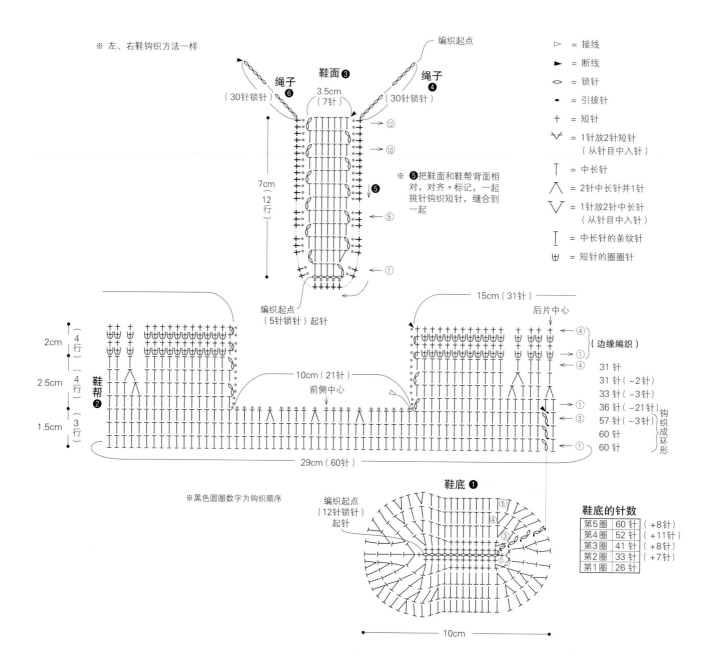

※ 左、右鞋钩织方法一样

▷	= 接线
►	= 断线
⌒	= 锁针
•	= 引拔针
+	= 短针
٧	= 1针放2针短针（从针目中入针）
Ⅰ	= 中长针
∧	= 2针中长针并1针
∨	= 1针放2针中长针（从针目中入针）
Ⅰ	= 中长针的条纹针
ಒ	= 短针的圈圈针

※ **⑤**把鞋面和鞋帮背面相对，对齐•标记，一起挑针钩织短针，缝合到一起

※黑色圆圈数字为钩织顺序

鞋底的针数

第5圈	60 针	（+8针）
第4圈	52 针	（+11针）
第3圈	41 针	（+8针）
第2圈	33 针	（+7针）
第1圈	26 针	

76

钩针编织基础

挂线方法（左手）

1
将线从中指和无名指的内侧穿过，线团放在后面。

2
线比较细的情况下容易滑落，可以在小指上绕一圈。

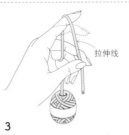

3
用左手的拇指和中指捏住线头，翘起食指，拉伸线。

拉伸线

针的拿法（右手）

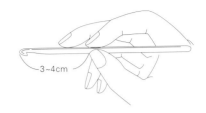

3~4cm

用右手的拇指和食指轻轻拿着钩针，用中指轻轻抵住。

锁针的编织起点

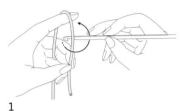

1
把钩针放在线的后面，如箭头所示转动钩针将线绕在针头上。

用拇指和中指捏住

2
用左手拇指和中指捏住线的交叉点制作线环，如图所示转动钩针，挂线。

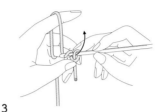

3
将线从挂在针头上的线环中拉出。

拉紧

4
拉线头，收紧线环。这是边端的针目，此针不计入针数。

环形起针（用线头绕成环）

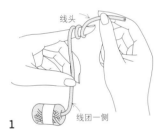

线头

线团一侧

1
在左手食指上绕2圈线。

捏住

2
捏住交叉点，注意不要让线环散开。抽出食指。

3
把线团一侧的线挂到左手食指上，用左手拿着环，将钩针插入线环中，挂线，从环中拉出。

4
再次钩针挂线，引拔。

5
环形起针最初的针目完成（此针不计入针数）。

把中心拉紧

1
稍微拉一下线头，线圈中的2根线中的其中1根线将会变短（●）。这是距离线头较近的线。

2
用手拉扯变短的那根线（●），缩短离线头较远的那根线（★）。（移动的环上的线●先放着）

3
拉动线头，距离线头较近的线（●）收紧了。

⬭ 锁针

1
如箭头所示，转动钩针，针上挂线。

2
把钩针上的线从环中拉出。

1针锁针

3
1针锁针完成。钩织的针目位于线圈的下方。然后继续钩织。

锁针起针

起针是编织针目的基础。由于锁针起针的针目比较紧，所以钩织时要松一点。建议使用比编织针稍粗的一点的钩针钩织。

正面

反面

锁针的里山

※起针时钩针的号数并没有明确要求，可根据织片的情况灵活选择

锁针的挑针方法

锁针起针时，挑针方法有3种。没有特别指定的话，可以选择自己喜欢的方法挑针。

挑取锁针的里山

挑取锁针的半针和里山

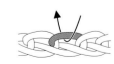

挑取锁针的半针

十（Ｘ）短针

1
在前一行针目头部2根线里入针。

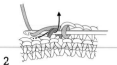

2
钩针挂线，拉出1针锁针的高度。

3
再次钩针挂线，从针上的2个线圈中一次引拔出。

4
1针短针完成。

●引拔针

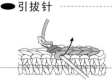

针头挂线，引拔出。

未完成的针目
未完成的中长针　　未完成的长针
在针目最后引拔之前，针上留着线圈的状态，叫"未完成的针目"。在减针或者钩织枣形针等常使用。

Ｔ 中长针

1
钩针挂线后，在前一行针目头部2根线里入针。

2
钩针挂线，拉出2针锁针的高度。

3
再次钩针挂线，从针上的3个线圈中一次引拔出。

4
1针中长针完成。

Ｔ 长针

1
钩针挂线后，在前一行针目头部的2根线里入针。

2
钩针挂线，拉出2针锁针的高度。

拉出线

3
钩针挂线，从针上的2个线圈中一次引拔出。

4
再次钩针挂线，从针上剩余的2个线圈中一次引拔出。

5
1针长针完成。

长长针

绕2圈

1
钩针上绕2圈后，在前一行针目头部的2根线里入针。

2
钩针挂线，拉出2针锁针的高度。

3
钩针挂线，从针上的2个线圈中一次引拔出。

4
再次钩针挂线，从针上的2个线圈中一次引拔出。

5
继续钩针挂线，从针上剩余的2个线圈中一次引拔出。

6
1针长长针完成。

Ｖ 1针放2针短针（从针目中入针）

1
钩织1针短针，在同一针目中入针，再钩织1针短针。

2
同一针目中1针放2针短针完成。

2针短针并1针
※针数即使改变，钩织要领也不变

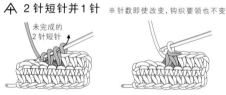

未完成的2针短针

1
把线拉出，下一个针目也把线拉出（未完成的2针短针）。钩针挂线，从针上的3个线圈中一次引拔出。

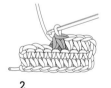

2
2针短针变成1针，2针短针并1针完成。

编织符号的看法（【从针目中入针】和【整段挑取】）
＊当底部闭合时　　　＊当底部打开时
在前一行的1针内入针。　整段挑取前一行的锁针等针目后钩织。
※无论是哪种钩织方法，针数即使改变，钩织方法也不变

1针放3针长针（整段挑取）
※针数即使改变，钩织要领也不变

1
如箭头所示插入前一行锁针的下方（整段挑取），钩织3针长针。

2
1针放3针长针（整段挑取）完成。

2针长针并1针

1
钩织未完成的长针，下一针也钩织未完成的长针。

未完成的2针长针

2
钩针挂线，从针上的3个线圈中一次引拔出。

3
2针长针变成1针，2针长针并1针完成。

变化的3针中长针的枣形针（整段挑取）

1 钩织3针未完成的中长针。钩针挂线，从针上的6个线圈中一次引拔出（留下最右边的1个线圈）。

2 再次钩针挂线，从针上剩余的2个线圈中一次引拔出。

3 变化的3针中长针的枣形针完成。

5针长针的枣形针（从针目中入针）

※针数即使改变，钩织要领也不变

1 在前一行的针目里钩织5针未完成的长针，钩针挂线，从针上的所有线圈中一次引拔出。

2 5针长针的枣形针完成。

反短针

1 沿着织片的方向立织1针锁针，转动钩针，从前面插入。

2 从线的上方往钩针上挂线，然后直接把线拉到前面。

3 钩针挂线，按照箭头所示，从针上的2个线圈中一次引拔出，钩织短针。

4 反短针完成。从左向右钩织。

短针的条纹针

※中长针、长针的情况下，钩织要领一样

1 从反面编织的行，挑取前一行针目前面的半针进行钩织（正面形成条纹）。

2 从正面钩织的行，挑取前一行针目后面的半针进行钩织（正面形成条纹）。

短针的圈圈针

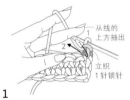

1 把左手的中指从线的上方抽出，挑取前一行的针目。

2 用中指向下捏住线，如箭头所示钩针挂线。

3 把线拉出。

4 钩织短针。把中指抽出，反面就形成了一个圈圈。

5 从反面看的状态。钩织时，确认一下圈圈是否整齐。

长针的正拉针

※长长针的情况下，钩织要领一样

1 钩针挂线，将钩针从前面插入前一行针目的根部，钩织长针。

2 长针的正拉针完成。

长针的反拉针

※长长针的情况下，钩织要领一样

1 钩针挂线，将钩针从前面插入前一行针目的根部，钩织长针。

2 长针的反拉针完成。

变化的1针长针交叉（右上）

1 钩织长针，钩针挂线，挑取前面的针目，把线从刚才钩织的长针的前面拉出。

2 钩针挂线，分别从针上的2个线圈中引拔出（钩织长针），长针的右上交叉完成。

变化的1针长针交叉（左上）

1 钩织长针，钩针挂线，挑取前面的针目，把线从刚才钩织的长针的后面拉出。

2 钩针挂线，分别从针上的2个线圈中引拔出（钩织长针），长针的左上交叉完成。

※钩织拉针时，钩织方法、针数等尽管会改变，但钩织要领还是一样的。符号图断开表示交叉时针目在下面。

3针锁针的狗牙拉针（在长针上钩织）

※2针锁针、在短针上钩织时的要领也是一样的

1
钩织3针锁针，按照箭头方向，在长针的头部1根线和根部的1根线里入针。

2
钩针挂线，按照箭头方向引拔出。

3
3针锁针的狗牙拉针（在长针上钩织）完成了。

短针配色花样（横向渡线）

1
配色线
底色线
在换配色线的针目的前面一针短针最后引拔时，将配色线挂在钩针上，并引拔出。

2
同时挑取配色线和底色线的线头，钩针挂线并拉出。

3
一边包住底色线和配色线的线头，一边用配色线钩织短针。

4
配色线最后引拔出时，将底色线挂在钩针上，并引拔出。

5
一边包住配色线，一边用底色线钩织短针。

6
按照相同要领，换线钩织。

卷针缝缝合（接合）…针目和针目对齐

毛线缝针一直都是从同一方向插入，注意拉线的松紧，一针一针地缝合下去。在缝合的终点处，在相同位置重复入针一两次。

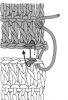

（半针的情况）

卷针缝缝合（缝合）…行与行对齐

1
将2片织片正面相对齐，把毛线缝针插入起针的锁针针目处。

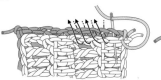

2
毛线缝针一直都从同一方向插入，边分开2片织片边端针目，边钩织1行长针，重复两三次，做卷针缝固定。

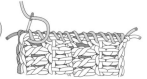

3
缝合的终点处，用毛线缝针在同一个地方重复入针一两次。然后在反面处理线头。